KB273994

콕콕 찍어 가르쳐주는

초기실 교과서

2학년

환경, 수주

콕콕 찍어 가르쳐주는

호기심
교과서

2학년 환경, 우주 편

2011년 12월 18일 초판 1쇄 인쇄
2011년 12월 23일 초판 1쇄 발행

글 · 그림 | 백명식
추천 | 손영운
펴낸이 | 나힘찬

기획위원 | 장종택 신일철
마케팅총괄 | 고대룡
편집 | 김영주
디자인 | 고문화
외부진행 | 최승랑, 김주회

펴낸곳 | 풀빛미디어
등록번호 | 제13호-518호
등록일자 | 1998년 1월 12일
주소 | 서울시 서대문구 북아현동 189-1 아주빌딩 2층
전화 | 02-733-0210 팩스 | 02-732-2025
홈페이지 | http://www.pulbitm.co.kr

ⓒ 백명식, 2011

ISBN 978-89-88135-37-2 64400
ISBN 978-89-88135-34-1 (세트)

콕콕 찍어 가르쳐주는

호기심 교과서

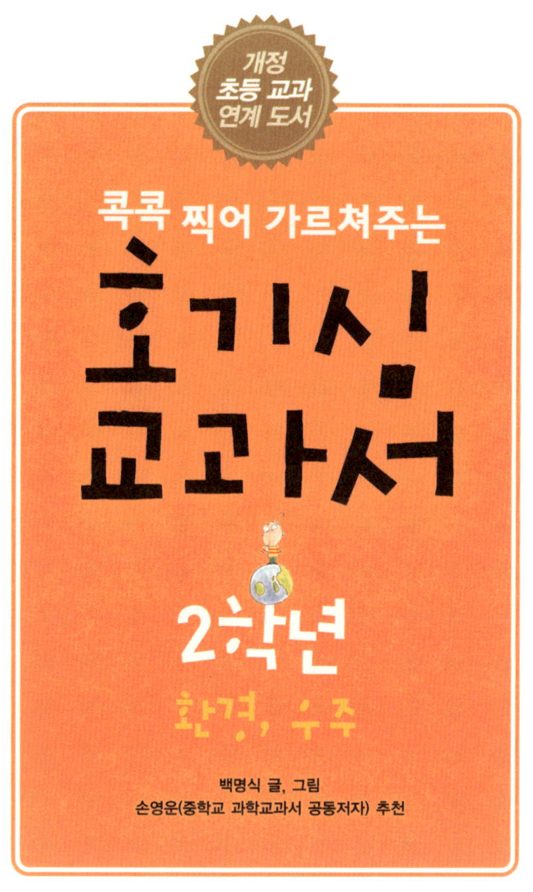

2학년

환경, 우주

백명식 글, 그림
손영운(중학교 과학교과서 공동저자) 추천

풀빛미디어

호기심은 과학의 뿌리

지금으로부터 약 350년 전 영국에 뉴턴이라는 과학자가 살고 있었어요. 그는 날마다 남이 하지 않은 고민을 했답니다. '왜 사과나무의 사과는 하늘로 솟지 않고, 옆으로 날아가지 않고, 땅으로만 떨어지는가?' 하는 문제에 대한 답을 알기 위해서지요. 그때까지 사람들은 공기보다 무거운 물건이 땅으로 떨어지는 일은 너무도 당연한 일이므로 특별한 원리가 있을 것이라는 생각을 전혀 하지 않았어요.

하지만 뉴턴은 달랐어요. 왜 지상의 모든 물체는 땅으로만 떨어지는지에 대한 호기심 때문에 밤잠을 자지 못했답니다. 오랜 연구 끝에 뉴턴은 '만유인력의 법칙'이라는 답을 얻었어요. 뉴턴 덕분에 근대 과학이 시작되었고, 우주가 움직이는 원리를 알 수 있었고, 우주선을 타고 달나라에 다녀올 수 있었답니다.

뉴턴이 세상을 떠나고 약 150년이 지났어요. 독일에 아인슈타인이라는 과학자가 태어났어요. 아인슈타인은 어릴 때 아버지한테 선물 받은 나침반이 저절로 방향을 가리키는 것을 보고 자연 현상에 호기심을 갖기 시작했어요. 그러다가 열 살이 지났을 무렵, '빛 위에 올라타서 세상을 보면 세상은 과연 어떻게 보일까?'라는 의문을 가졌어요. 정말 황당한 의문이지요? 하지만 아인슈타인은 그 문제에 호기심을 품고 계속 연구했답니다. 그리고 마침내 답을 찾아냈어요. 빛의 속도로 빠르게 달리면 길이는 짧아지지만 시간은 늦게 간다는 '특수 상대성 이론'을 발견했거든요. 아인슈타인 덕분에 우주를 움직이는 힘의 정체를 밝힐 수 있었고, 블랙홀의 존재를 알 수 있었고, 핵에너지를 사용할 수 있게 되었답니다.

뉴턴과 아인슈타인을 보면 어릴 때 가졌던 의문과 호기심이 위대한 과학을 이루는 가장 중요한 뿌리가 되는 것을 알 수 있어요. 맞습니다. 과학은 엉뚱한 의문과 호기심에서 출발합니다. 당연한 것을 당연한 것으로 받아들이지 않고, 왜 하필 그래야만 하는가? 하고 의심하고 호기심을 가지는 것이 과학의 출발점이지요.

『콕콕 찍어 가르쳐주는 호기심 교과서』를 읽으면 뉴턴과 아인슈타인이 그랬던 것처럼 여러분도 이 세상에 일어나는 여러 가지 일에 의문과 호기심이 들 겁니다. 이 책을 읽고 남이 하지 않는 의문과 호기심을 가지길 바랍니다. 그러면 역사에 길이 남을 위대한 발견을 하게 될 거예요.

2011. 8. 20. 손영운

차례

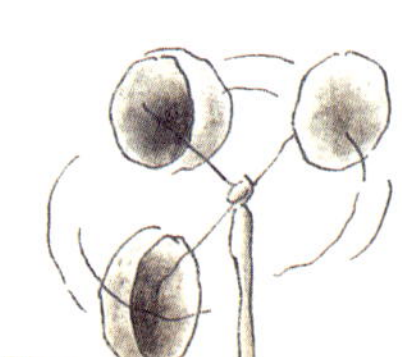

LPG
LPG
위 험
LPG

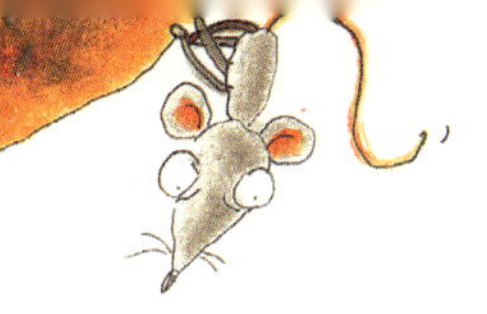

제4장 음식
골고루 먹어야 건강해요

내가 가꾸는 우리 동네

내가 사는 동네를 소중히 가꾸어야 하는 까닭을 생각해 봅시다.

"내가 쓰레기를 버려도 다른 사람이 줍겠지." 하는 마음으로

길에 쓰레기를 버리면 동네는 금세 더러워집니다.

깨끗하고 공기가 맑은 동네에 살면 기분이 좋을 거예요.

내가 사는 동네를 살기 좋은 동네로 가꾸려면 어떤 방법이 있을까요?

계절이 바뀌는 이유는 뭐예요?

2학년 2학기 슬기로운 생활, 3단원 아름다운 우리나라, 우리나라를 나타내는 것, 사계절
3학년 1학기 사회, 1단원 고장의 모습, 2. 고장의 자연과 우리의 생활, 계절
6학년 1학기 과학, 3단원 계절의 변화, 계절 변화의 원인은 무엇일까요?

지구는 똑바로 서 있지 않고 23.5도 정도 기울어진 상태로 태양의 주위를 돌고 있어요. 따라서 지구의 기울어진 쪽이 태양을 향하면 그 지역은 태양에 가까워져 여름이 되고 태양으로부터 조금씩 멀어지면 서늘한 가을이 되고 자꾸자꾸 멀어지면 겨울이 되는 거예요.

반대로 태양 반대편에 있던 지역은 태양에서 가까워져 여름이 되는 거고요.

지구의 북쪽에 있는 우리나라가 여름이면, 남쪽에 있는 호주나 아르헨티나 같은 나라는 겨울이 되지요.

우리나라는 이렇게 사계절이 모두 있지만 여름만 있는 나라도 있고, 겨울만 있는 나라도 있습니다.

더운 나라 중 하나인 이집트

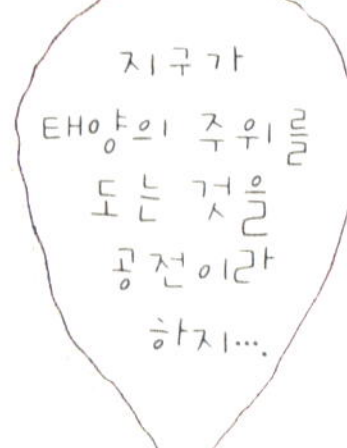

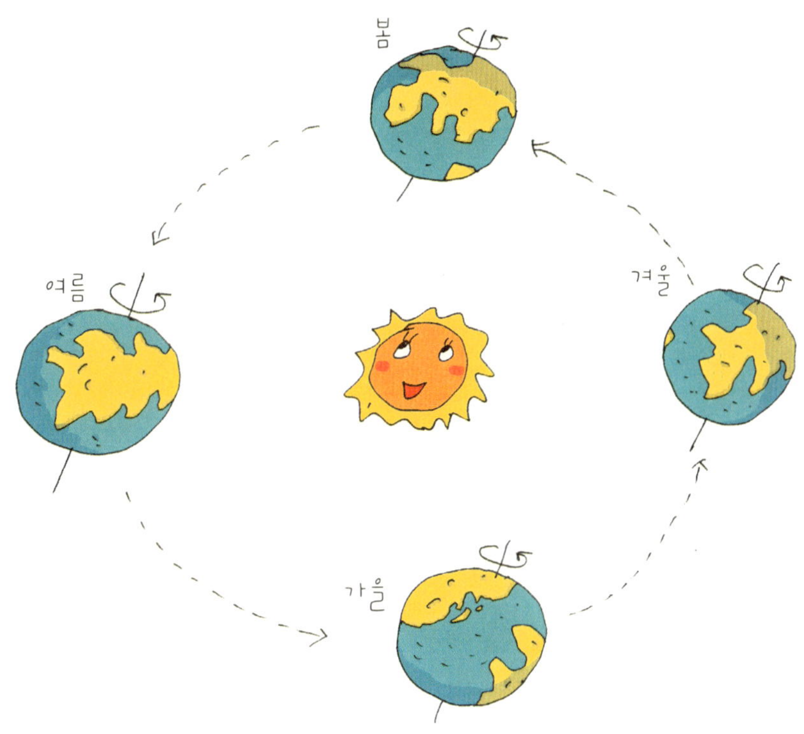

는 평균 기온이 섭씨 40~45도이고, 이라크의 바그다드도 섭씨 50도가 넘는 날이 많다고 해요. 그리고 북극의 베르호얀스크라는 곳은 세상에서 가장 추운 곳으로 온도가 영하 60도까지 내려간다고 하지요.

우리나라 여름의 평균 기온은 섭씨 23~27도이고, 겨울의 평균 기온은 −6~7도예요. 이집트의 더위나 베르호얀스크의 추위를 조금은 짐작할 수 있겠죠?

겨울에는 왜 추운가요?

지구는, 지축을 중심으로 23.5도 기울어져서 자전과 공전을 합니다. 태양에서 빛을 받는 면적의 차이 때문에 겨울에 추워요. 또한, 태양이 내리쬐는 시간이 줄어들기 때문이기도 하지요.

그리고 우리나라는 겨울에 시베리아 쪽에서 불어오는 북서 계절풍 때문에 특히 더 추워요.

눈이 오고 추운 겨울에도 몹시 추운 날이 있는가 하면 날

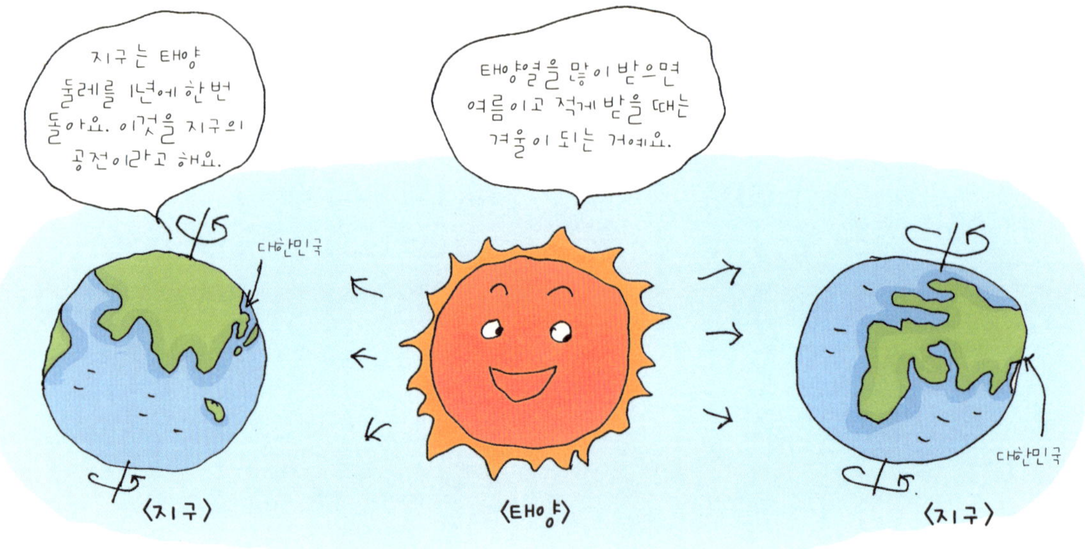

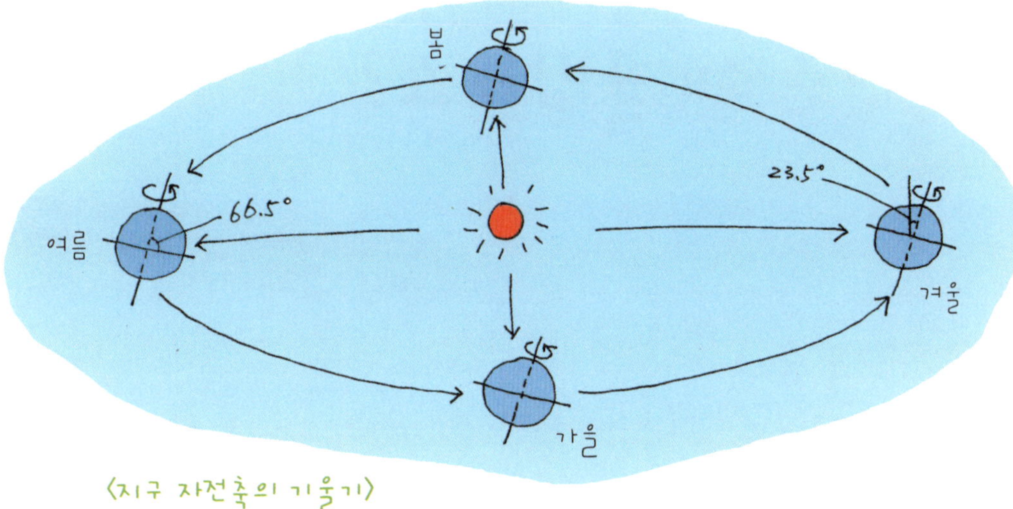

씨가 조금 포근한 날도 있지요. 삼한사온(三寒四溫)은 우리나라의 겨울 날씨의 특징이기도 하지요.

삼한사온이란 이처럼 사흘(3일) 정도 춥다가 나흘(4일) 동안 따뜻해지는 현상이 반복되는 겨울 날씨를 말해요. 삼한사온은 시베리아 기단과 관계가 깊어요. 차고 건조한 시베리아에서 불어오는 공기층의 힘이 강해지면 사흘 정도 춥다가, 그 힘이 약해지면 온화한 날씨가 나흘 정도 계속되죠.

그런데 요즘에는 지구 기온이 올라가는 온난화 현상 탓에 겨울철 기온이 높아지면서 겨울이 짧아지고 있어요. 그래서 예전처럼 삼한사온 현상이 잘 나타나지 않는다고 해요.

화산은 왜 폭발해요?

4학년 2학기 과학, 2단원 지층과 화석, 층층이 쌓인 지층과 그 속의 암석
4학년 2학기 과학, 4단원 분출하는 화산, 화산에 대해서 알아보기

땅속으로 내려갈수록 온도가 높아져요. 땅속 약 30킬로미터 부터는 돌이 녹을 정도랍니다. 이렇게 뜨거운 온도에 돌이 녹은 것을 마그마라고 해요.

마그마는 물엿처럼 생겼으며 꿈틀꿈틀 움직이기도 합니다. 마그마는 자꾸 땅 표면 밖으로 솟구쳐 나오려는 습성이 있어요. 그러므로 땅이 약하거나 바위에 갈라진 틈이 있으면 그곳을 통해 올라오게 됩니다. 그러다가 마그마의 나오려는 힘이 더욱 커지면 땅 위로 폭발합니

낱·말·풀·이 · '화산 작용(火山作用)'은 땅속 깊은 곳에 있는 마그마가 땅거죽 또는 땅거죽 가까이에서 일으키는 여러 가지 활동을 말해요.

다. 이것이 바로 화산 폭발이에요.

화산 활동을 계속하고 있는 화산을 활화산이라고 합니다. 화산 활동이 완전히 끝난 화산을 사화산이라고 해요.

우리나라의 한라산과 백두산도 화산 활동을 했답니다. 하지만 지금은 화산 작용을 하지 않고 쉬는 휴화산이에요.

안개는 왜 생기나요?

3학년 1학기 과학, 4단원 날씨와 우리 생활, 기온·바람·구름·비
6학년 2학기 과학, 1단원 날씨의 변화, 이슬·안개·구름·비는 어떻게 생길까요?

안개는 공기 중의 수증기가 서로 엉켜(응결되어) 물방울이 되어 땅거죽 가까이에 떠 있는 것입니다. 하늘 높이 떠 있는 건 구름이고요.

공기 중에 수증기가 무척 많으면 물방울로 맺힐 수도 있어요. 또는 따뜻한 공기에 있던 수증기가 차가운 바다 위를 지날 때 안개가 생기기도 해요. 반대로 찬바람이 따듯한 바다 위를 지나가면서 수증기를 차갑게 해 안개를 만들기도 한답니다.

그런데 차가운 공기와 수증기가 만나면 왜 안개가 생기냐고요?

그건 공기가 머금을 수 있는 수증기량이 온도가 높으면 많아지고, 온도가 낮으면 적어지기 때문입니다. 차가운 공

낱 ·말 ·풀 ·이 · 수증기(水蒸氣)는 기체 상태가 된 물을 뜻합니다.

기를 만나면, 공기가 머금고 남은 수증기가 엉겨 물방울이 되지요.

보통 1,000미터 앞을 볼 수 없을 때 안개가 끼었다고 합니다.

하늘은 왜 파란색인가요?

3학년 2학기 과학, 4단원 빛과 그림자, 빛 알아보기
4학년 2학기 국어 읽기, 5단원 정보를 모아, 정보 찾기와 정리
6학년 1학기 과학, 1단원 빛, 공기와 물이 만나는 면에서 빛은 어떻게 될까요?

햇빛에는 무지개의 일곱 가지 색이 포함되어 있습니다. 빛은 지구의 공기 속을 지나서 우리 눈에 들어옵니다.

그때 빛이 공기에 부딪혀서 푸른색의 빛이 온 하늘에 흩뿌려지게 돼요. 구름 없는 하늘을 보면 흩어진 푸른색 빛이 눈에 들어와 하늘이 파랗게 보이는 것이죠. 특히 가을엔 먼지나 작은 물방울 등이 적어서 더욱더 파랗게 보이는 거예요.

우주비행사가 달에서 본 하늘은 지구의 하늘처럼 파란색이 아니래요. 달에서의 하늘은 낮이나 밤이나 검게 보였지요. 왜일까요? 달에는 대기가 없기 때문이에요.

　햇빛은 지구의 대기를 통과해 들어오다가 대기의 중의 기체나 먼지, 수증기와 같은 작은 알갱이에 부딪혀서 흩어지게 되죠. 햇빛의 색이 모두 흩어지게 되는 것이 아니고 빛이 만나는 알갱이의 크기에 따라 흩어지는 색깔이 달라지지요.

　햇빛이 작은 공기 분자에 부딪히면 파란색 쪽의 빛이 더 심하게 흩어지게 되는데, 그래서 보통 때 맑은 하늘은 파랗게 보이는 거래요.

　햇빛이 대기권을 통과하는 길이가 짧은 낮에는 하늘이 파랗고, 햇빛이 대기권을 통과하는 길이가 긴 해 질 녘엔 하늘이 붉은빛으로 보입니다.

동굴은 어떻게 생기나요?

3학년 1학기 과학, 1단원 물질의 상태, 고체·액체·공기·기체
4학년 1학기 과학, 2단원 지표의 변화, 소중한 자원 흙

동굴(洞窟)이 만들어진 원인에 따라서 종류가 달라요.
바닷가의 절벽이나 산 계곡에서 흔히 볼 수 있는 동굴은 암석이 오랫동안 비, 바람 등에 깎여 생긴 것입니다.

지하로 뚫린 동굴에는 석회 동굴과 용암 동굴이 있어요. 석회 동굴은 석회암 지대에서 지하수에 석회암이 녹아 나가서 생긴 동굴이에요. 용암 동굴은 화산 폭발 때 뜨거운 용암이 흘러가면서 겉은 빨리 식고 안은 액체 상태로 있다가 이것이 흘러나가 생긴 것입니다.

그 밖에도 해식 동굴, 얼음 동굴이 있어요.

해식 동굴은 파도에 깎여서 생긴 동굴입니다. 우리나라는 삼면이 바다로 둘러싸여서 해식 동굴이 많이 있답니다.

얼음 동굴은 추운 지방에서 볼 수 있는데 빙하의 안이 녹으면서 물이 빙하 밖으로 흘러나가면서 생기지요.

산은 어떻게 만들어졌나요?

산은 육지의 한 부분이 주위의 땅보다 높이 솟은 것입니다. 산이 생기는 이유는 조산 운동, 침식 작용, 화산 활동 때문이지요.

조산 운동(造山運動)은 지층이 양쪽에서 압력을 받아 주름이 생기는 것으로, 이때 높아진 곳은 산, 낮아진 곳은 골짜기가 됩니다.

침식(浸蝕)은 평평한 땅이 오랜 세월 물에 씻기고 깎여서 골짜기가 된 것으로 미국의 그랜드캐니언이 대표적인 예입니다.

화산 활동(火山活動)으로 마그마가 움직여 용암이나 화산재가 쌓여서 된 산이 바로 한라산, 백

두산이에요.

우리나라 고유어로 '뫼' 혹은 '메'라고 부르는 산은 보통 언덕보다 높고 험준한 곳을 말하지요. 어떤 기준을 정해 놓고 그보다 높은 곳을 '산'이라고 부르기도 해요.

산이 전 세계 땅의 24퍼센트를 차지해요.

지구에서 가장 높은 산은 해발 8,850미터의 '에베레스트 산'이고, 태양계에서 가장 높다고 알려진 산은 높이가 무려 27킬로미터나 되는 화성의 '올림포스 산'입니다.

바람은 왜 부나요?

지구의 주변을 둘러싼 공기층을 대기라고 하지요. 이 대기는 태양에서 열을 받게 돼요.

이때 태양열을 많이 받은 공기는 더워지고 그렇지 않은 공기는 차가워지는데 더워진 공기는 위로 올라가요. 그러면 차가운 공기가 그 빈자리를 채우기 위해 밀려 내려오지요. 이렇게 공기가 움직일 때 바람이 생겨나요.

바람이 부는 다른 이유는 바로 공기의 압력 때문입니다. 공기의 압력을 기압(氣壓)이라고 하는데, 기압은 높

은 곳이 있고, 낮은 곳이 있어요. 그런데 공기는 항상 기압이 높은 곳에서 낮은 곳으로 흐르는 성질이 있어요.

이런 공기의 흐름도 바람을 일으키는 이유가 된답니다.

붉은 조류 현상(적조 현상)이 뭐예요?

1학년 2학기 생활의 길잡이, 5단원 환경이 웃어요
3학년 1학기 사회, 1단원 고장의 모습, 자연환경
4학년 2학기 생활의 길잡이, 4단원 자연을 되살리고 보호하기

붉은 조류 현상이란, 바닷물에 플랑크톤이 갑자기 많아져서 바닷물의 색깔이 붉게 변하는 현상이에요. 파래야 하는 바닷물이 붉게 물들어 보여요. 이런 현상은 물의 움직임이 별로 없는 곳이나 강 하류, 육지에서 가까운 바다 등지에서 많이 일어납니다.

그런데 물의 색깔은 많아진 플랑크톤의 종류에 따라 황록색, 황갈색, 적갈색, 암갈색이 되기도 해요. 붉은 조류 현상이 일어난 바닷물을 손으로 만져 보면 끈적끈적하고 걸쭉한 느낌이 듭니다.

플랑크톤이 증가하는 이유는 바닷물 온도가 올라가거나, 강이나 호수에 생활 하수나 공장 폐수가 흘러들어 가기 때문이에요. 각종 폐수 속에는 플랑크톤의 먹이가 되는 여러 중금속과 유기물이 많이 들어 있어요.

이런 중금속과 유기물 탓에 물고기는 숨이 막혀 떼로 죽고 말아요. 또 플랑크톤은 늘어난 만큼 많이 죽기도 해서,

죽은 플랑크톤이 썩으면서 바다의 산소를 다 없애요. 물이 더러워지면 바닷속을 비추는 햇빛을 막고, 먹이사슬을 무너뜨려 생태계를 파괴해요.

이때 죽은 물고기나 조개를 사람이 먹으면 많이 아프거나 심지어 사망할 수도 있어요. 우리나라의 남해안에서는 붉은 조류 현상이 자주 발생하여 어부에게 큰 피해를 주고 있어요.

그러니까 붉은 조류 현상을 일으키는 생활 하수나 공장 폐수를 강이나 호수에 버리는지 잘 감시해야 해요. 우리가 양심에 따라 행동하면 깨끗한 바다를 지킬 수 있답니다.

산성비는 왜 내리는 거예요?

6학년 1학기 과학, 2단원 산과 염기, 국가 간의 협력이 산성비를 줄일 수 있어요.
6학년 1학기 과학, 4단원 생태계와 환경, 환경을 깨끗하게 하기 위해서는 어떻게 해야 할까요?

산성비는 산성이 강한 비를 말해요. 산성비가 내린 땅은 서서히 오염돼서 식물이 제대로 자라지 못해요. 산성비는 나무를 말라 죽게 하는 등 생태계에 나쁜 영향을 줍니다. 산성비를 맞으면 사람은 머리카락이 빠지고, 건물·다리 등의 건축물은 빨리 낡아요.

그러면 산성비를 내리게 하는 원인은 무엇일까요?

그건 바로 우리 인간이 끊임없이 환경을 더럽히기 때문이에요. 산성비는 화산이 폭발할 때도 내리지만 대부분 대기 오염 탓에 생겨요. 대기를 더럽히는 물질은 공장과 화력 발전소의 나쁜 연기, 자동차 매연이에요. 이것이 수증기에 녹아 구름에 액체 방울로 떠 있다가 비가 내릴 때 함께 내려 산성비가 된답니다.

산성비를 덜 내리게 하려면 석유나 석탄을 적게 태워서 매연의 원인을 줄여야 해요.

지진은 왜 일어나는 거예요?

지구의 내부는 밖에서부터 지각, 맨틀, 핵의 순서로 이루어져 있어요. 그리고 지각은 여러 개의 판으로 되어 있지요. 이러한 지각판들은 맨틀 위에 떠 있어요. 맨틀은 액체 같은 상태여서 가만히 있지 않고 움직여요. 맨틀이 움직여서 지판들이 서로 부딪치고 밀쳐 낼 때 생기는 진동이 지진이에요.

대부분의 지진은 지각판의 경계에서 발생해요. 지각판이 엄청난 압력을 받으면 갑자기 움직이고, 그 결과 지진이 일어나지요.

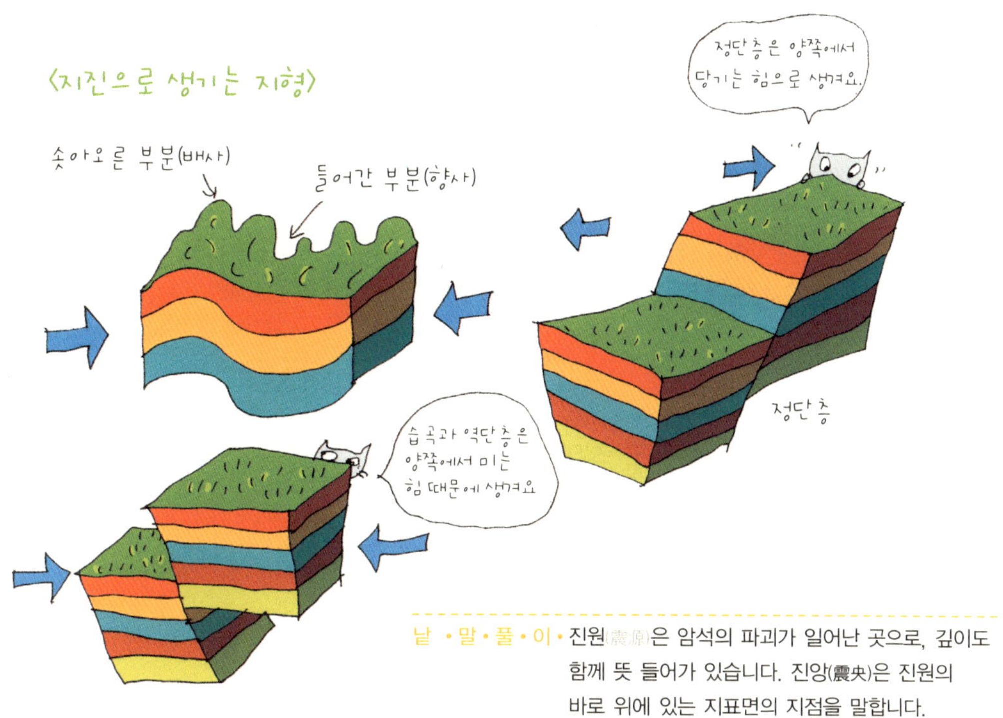

대부분 진원지가 수백 킬로미터(km)의 깊이에 있기 때문에 언제 지진이 일어날지 느낄 수가 없대요.

그럼 지진은 어디에서 일어날까요? 크게 보면 지구 표면에서 지진이 발생하지 않는 지역은 없어요. 하지만 지진은 전 세계에서 고르게 발생하는 것이 아니고, 띠 모양의 제한된 지역에 많이 발생한다고 해요. 이러한 지역을 지진대라고 하며, 여기에 속하는 일본은 1년에 1,400번이나 지진이 일어나지요.

회오리바람은 왜 부는 건가요?

가운데의 축을 중심으로 공기가 빙글빙글 도는 것을
회오리바람이라고 하지요.

회오리바람은 공기가 갑자기 따뜻해져서
나타나요.

따뜻하게 데워진 공기는 빠르게 공중으로
치솟게 돼요. 그러면 그 둘레의 찬 공기가
빙글빙글 돌면서 바람이 불게 되고, 흘러든 찬
공기도 데워져서 공중으로 올라가지요.

미국의 중부 대평원에서
회오리바람인 토네이도가 해마다 수백
개씩 생겨난대요. 토네이도는 매우
강력하게 회전하는 바람으로 대기가
불안정할 때 생기지요.

또 토네이도는 바다에서 발생하기도 하는데, 이러한 것을 '워터 스파우트'라고 해요. '워터 스파우트'는 마치 용이 하늘로 올라가는 것처럼 보인다고 해서 '용오름'이라고 부른답니다. 용오름은 서해 태안반도와 울릉도에서 종종 나타나요.

사막은 어떻게 생겨났어요?

사막은 주변 환경과 기후 때문에 생겨요. 사막에는 비가 자주 오지 않아요. 비가 온다고 해도 모래에 내린 비는 다 땅속으로 스며들고 말아요. 그래서 물이 없는 거죠.

사막에는 네 종류가 있어요.

몹시 덥고 건조한 적도 근처의 사막이 있습니다.

해안 사막은, 차가운 바닷물 탓에 바람이 차갑고 건조해서 비가 내리지 않아 생깁니다.

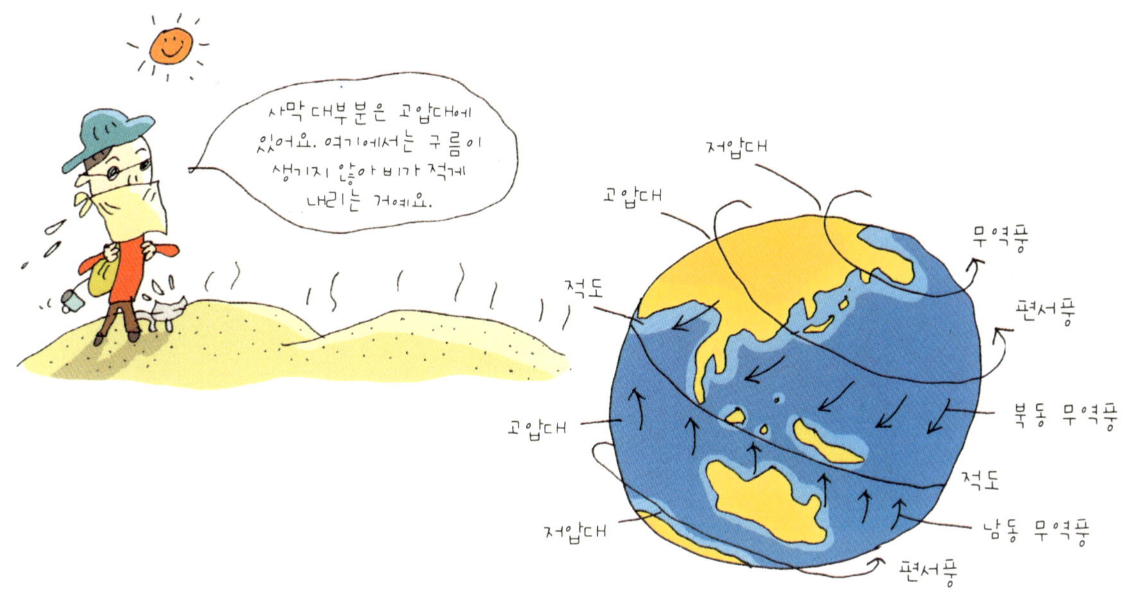

　내륙 사막은, 습기가 많은 공기가 대륙 안쪽으로 가는 동안에 습기를 잃어버려서 비가 내리지 못해서 생겨요. 내륙 사막 대부분은 대륙 한가운데 있어요.

　끝으로 분지 사막은, 구름이 한쪽 산비탈에서 비를 다 내려서, 반대쪽 산비탈에 비를 내리지 못해서 생기는 사막이에요.

　사막은 몹시 무더워서 비가 내리는 양보다 뜨거운 태양에 물이 증발하는 양이 더 많답니다.

바닷물이 짠 이유는 무엇인가요?

아주 먼 옛날, 지구에는 아주 많은 비가 내렸어요. 그때 육지에 있던 여러 가지 물질 중에서 물에 녹기 쉬운 물질만 씻겨 바다로 갔지요.

그중에서 가장 많이 씻겨 내려간 것이 염분이에요. 염분 대부분은 짠맛을 내는 염화나트륨이 들어 있어요. 이것이 바닷물을 짜게 한답니다.

비가 계속 내리면 바닷물은 더 짜질까요? 그건 아니에요.
소금도 조금은 바닷물과 함께 증발합니다. 또, 소금은 바닷
물에 녹지 않고 얕은 바닷가에서 고체가 되어 쌓이기도 합
니다. 그래서 바닷속에 있는 소금량은 일정합니다.

태풍은 왜 생기나요?

큰 바람을 태풍이라고 해요. 이런 태풍의 이름은 지역마다 달라요. 북대서양, 카리브 해, 멕시코 만 그리고 태평양 동부에서 발생하는 것을 허리케인(Hurricane)이라고 불러요.

인도양과 남태평양 해역에서 발생하는 것을 사이클론 (Cyclone)이라 부르고 호주 부근 남태평양 해역에서 발생하는 것을 윌리윌리(Willy willy)라고 불러요.

태풍의 이름은 알파벳순으로 미리 만들어 놓고 발생 순서에 따라 하나씩 차례로 사용합니다. 처음에는 여성의 이름만 붙였지만, 이제는 남성과 여성의 이름을 함께 써요. 아시아 지역도 국가별로 태풍 이름을 열 개씩 받아 놓고, 태풍이 나타난 순서대로 이름을 붙이고 있답니다.

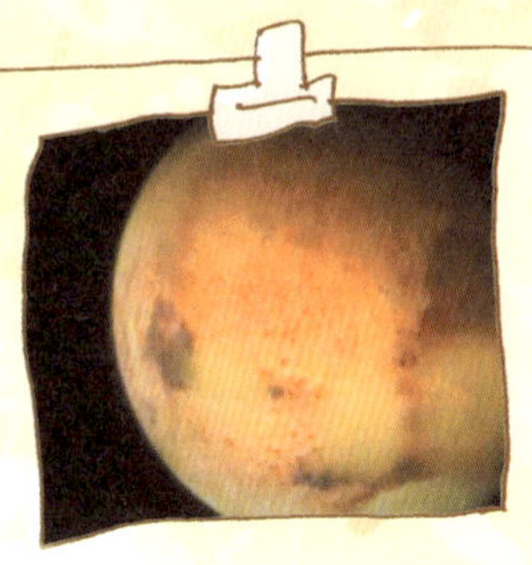

제2장 우주

지구와
반짝반짝 빛나는 별

도시에서 밤하늘을 보면 별이 잘 보이지 않아요.

왜냐하면 공기가 탁해서 별이 안 보이는 것입니다.

또 도시가 너무 밝아서 별이 안 보일 수도 있답니다.

그럼 어디에 가면 별이 잘 보일까요?

공기가 맑고, 밤에 전등을 켜지 않는 곳에 가면 별이 잘 보여요.

그래서 별을 관측하는 천문대는 도시에서 멀리 떨어진 곳에

세운 답니다.

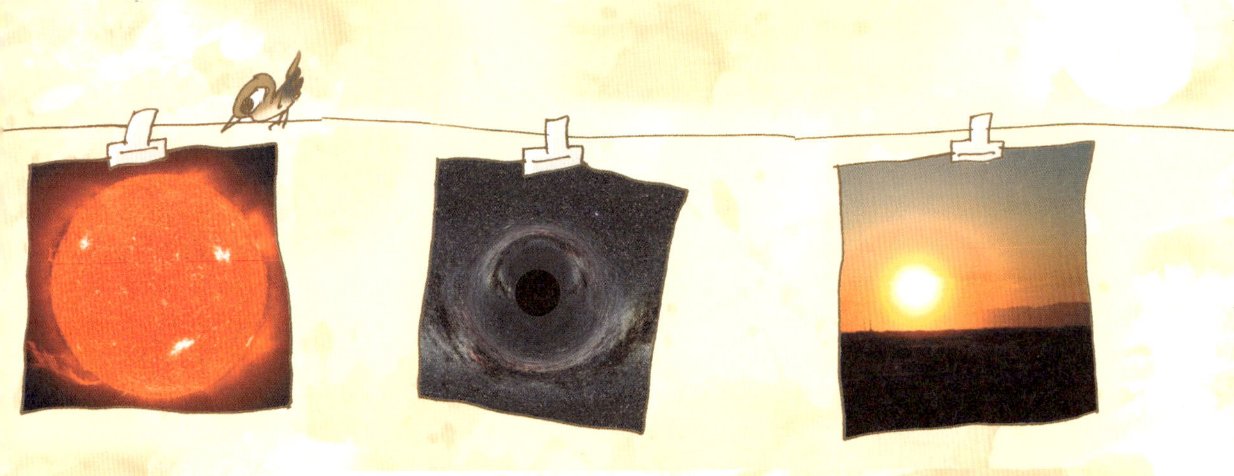

달은 왜 지구 주위를 도는 걸까요?

모든 물체는 서로 잡아당기는 힘이 있어요. 이것을 만유인력이라고 해요.

지구와 달 사이에도 이러한 인력이 있어요. 지구가 달보다 덩치가 더 커서 지구의 인력 때문에 달은 지구 쪽으로 당겨져서 지구 주위를 계속 도는 거예요.

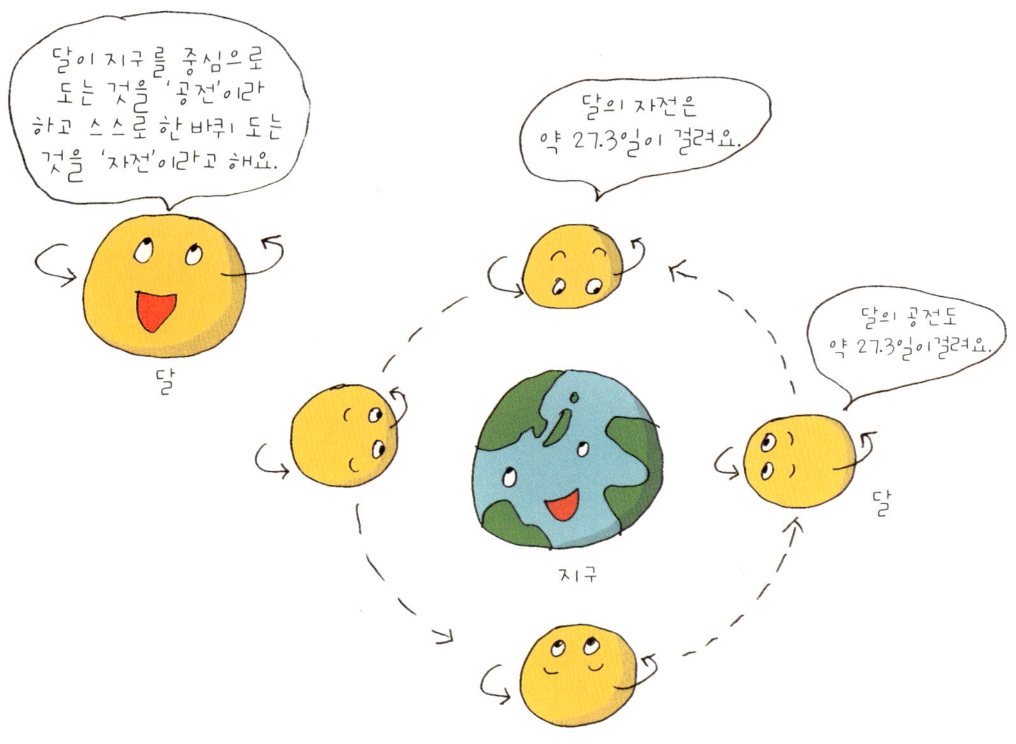

지구의 주위를 도는 달은 어떻게 생겨난 것일까요?

달은 원래 지구와 한몸이었는데 지구에서 떨어져 나가서 지구 주위를 돌게 되었다는 이야기도 있고, 달은 하나의 행성이있는데 지구의 중력에 끌려 지구의 위성이 되었다는 이야기도 있지요. 달이 어떻게 탄생했는지는 아직도 밝혀지지는 않았어요. 하지만 지구는 달이라는 위성을 친구로 가까이에 두고 있어서 외롭지 않답니다.

태양은 얼마나 뜨겁나요?

5학년 2학기 과학, 2단원 용해와 용액, 물 온도에 따라 용질이 물에 녹는 양은 어떻게 달라질까요?
6학년 2학기 과학, 3단원 에너지와 도구, 태양의 열에너지를 이용하여 볼까요?

태양은 겉과 속 온도가 달라요. 태양 속의 온도는 약 섭씨 1500만 도이고, 태양 거죽의 온도는 약 섭씨 6,000도나 된다고 그래요. 물이 끓는 온도는 섭씨 100도이고 철이 녹는 온도가 섭씨 1,800도니까 얼마나 뜨거운 온도인지 짐작할 수 있을 거예요.

그럼 태양이 이렇게 뜨거운데 우리는 그걸 왜 느낄 수 없을까요?

그 이유는 태양이 지구에서 멀리 떨어져 있어서예요. 또 지구의 대기가, 태양열이 직접 땅 위로 전달되는 것을 막아 주기 때문이랍니다.

그럼 태양은 영원히 타오를까요?

태양이 빛나는 것은 태양의 수소 원자 때문에 끊임없이 타올라서 그렇대요. 오랜 시간이 지나면 태양도 차가운 얼음별

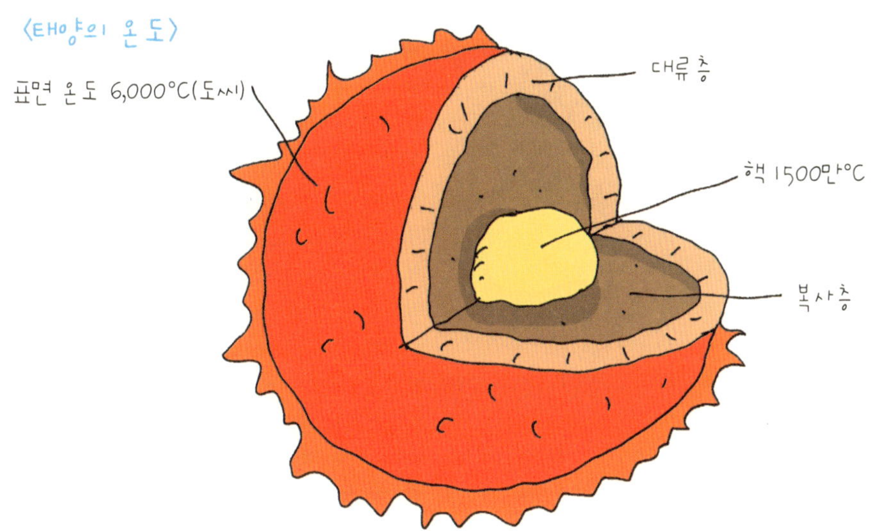

이 되고 말죠. 그러면 지구 상의 모든 생명은 죽음을 맞게 될 거예요. 하지만 태양이 차게 식으려면 앞으로 50억 년 정도 걸린다고 하네요. 상상이 되나요?

태양, 알고 보면 작다?

지구에 비하면 어마어마하게 큰 것처럼 보이는 태양도 우주에선 중간 정도 크기의 별에 불과해요. 유럽의 인공위성 히파르코스 호의 관측을 통해 어떤 별들은 태양보다 열 배 이상 크고, 빛은 천 배 이상 밝다는 것이 밝혀졌어요. 백조자리의 별 '데네브'도 태양보다 크고 밝대요.

별은 왜 반짝이는 거지요?

3학년 2학기 과학, 4단원 빛과 그림자, 빛 알아보기
4학년 2학기 국어, 2단원 서로 다른 의견, 바위나리와 아기별
5학년 1학기 국어, 7단원 상상의 날개, 별 삼 형제, 삼태성

별은 가까이에서 보면 태양처럼 둥글게 생겼어요.

별은 태양처럼 스스로 빛을 냅니다. 이렇게 항상 스스로 빛을 내는 천체를 항성이라고 해요. 항성은 중심부에서 핵융합 반응으로 빛을 냅니다. 항성은 우리가 일반적으로 별이라고 부르는 천체로 북극성, 북두칠성, 삼태성, 견우성, 직녀성, 시리우스, 리겔 등이 있습니다.

반면에 행성은 항성이 내는 빛을 받아 반사할 뿐이지, 스스로 에너지를 내지 못하는 천체이지요.

예로 태양계를 들자면 태양은 항성(별)이고, 수성, 금성, 지구, 화성, 목성, 토성, 천왕성, 해왕성이 행성입니다.

〈공기 중 빛의 산란 정도〉

색	빨간색	주황색	노란색	초록색	파란색	보라색
산란비	1	2	2.5	3	6	10

빛의 산란은 공기 중 빛이 작은 입자들과 부딪힐 때 사방으로 퍼지는 현상을 말해요.

> **핵융합 반응**(核融合反應)은 원자핵이 융합, 즉 결합하는 반응입니다. 태양은 수소 원자핵 4개가 결합하여 하나의 헬륨 원자를 만드는데, 이것이 태양 빛의 근원이 됩니다. 가벼운 원자핵이 높은 온도와 큰 압력에서 결합하여 무거운 원자핵이 되는 핵반응이에요. 항성은 핵융합 반응으로 스스로 빛을 내서 행성과는 확실히 구분됩니다. 참고로 핵융합 반응을 연달아 일으켜 터지게 하는 게 수소폭탄이에요.

그리고 별이 밤하늘에서 반짝이는 것은 지구에 대기가 있기 때문이에요. 달은 대기가 없으므로 달에서 별을 보면 반짝이지 않아요. 지구 대기 기압의 차이 때문에 우주에서 오는 별빛을 반사하고 굴절, 산란하게 되지요. 대기 기압 차이로 바람이 일어나기도 해요. 그래서 바람이 부는 날에 별을 보면 별빛은 더욱 반짝여 보이지요.

별똥별은 왜 떨어지는 거예요?

별똥별은 유성(流星)을 흔히 부르는 말이에요.

별똥별 대부분은 '혜성'이 지나가고 난 뒤에 남은 먼지 조각들이에요. 이 먼지 조각이 지구 대기 안으로 들어오면 마찰을 일으키며 타는데요, 그것을 '별똥별'이라고 부릅니다.

별똥별(유성)은 땅에서 120~160킬로미터(km)나 높은 밤하늘에서 빛나요. 이때 보이는 별똥별은 겨우 모래알 크기랍니다. 별똥별(유성)은 대부분 대기권에서 빛을 내고 사라지는데 간혹 자갈만 한 것은 지구로 떨어질 때가 있어요. 이것을 운석이라고 해요.

사람들은 별똥별(유성)이 떨어질 때 소원을 빌기도 한답니다. 별똥별이 떨어질 때 소원을 빌면 이루어진다는 이야기가 있거든요. 이 책을 읽는 어린이는 별똥별에 무슨 소원을 빌고 싶어요?

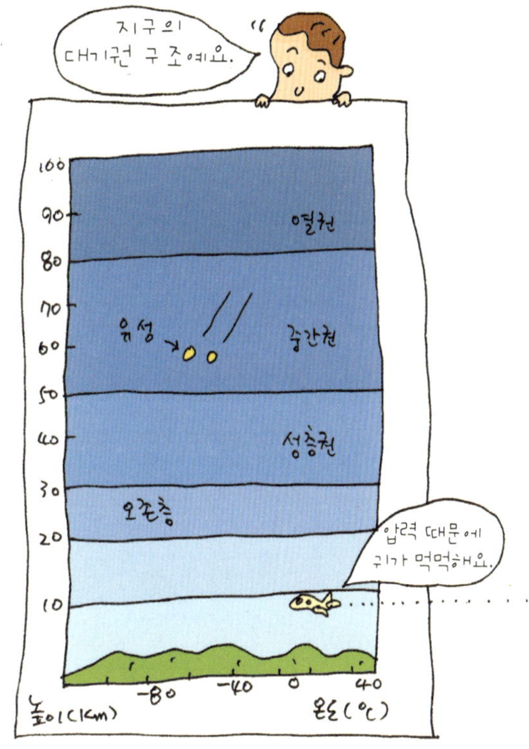

혜성(彗星)은 가스 상태의 빛나는 긴 꼬리가 있는 천체예요. 여기서 천체란 우주를 형성하는 행성·위성·달·혜성·소행성·항성·성단(星團)·성운(星雲) 등을 전부 한꺼번에 부르는 말입니다. 혜성은 빛나는 꼬리를 끌고 태양계(太陽系) 내에서 태양 둘레를 타원 또는 포물선 궤도를 따라 도는 천체입니다. 혜성은 실제로 눈으로 확인하기 어려워요.

콩·알·퀴·즈·못은 못인데 박을 수 없는 못은? 름·연못

화성에는 사람이 사나요?

5학년 2학기 과학, 4단원 태양계와 별, 태양계의 구성과 태양이 지구에 미치는 영향을 알아볼까요?
5학년 2학기 과학, 4단원 태양계와 별, 태양계 행성은 어떻게 움직이고 있을까요?

현재까지 화성에는 생물체가 살 수 없다고 밝혀 졌어요.

동식물이 살 때 꼭 있어야 하는 산소가 아주 적어요. 공기 중에 산소가 0.1~0.4퍼센트(%)밖에 안 되거든요. 또 햇빛도 지구에 비치는 것의 반 정도밖에 비치지 않아요.

이 때문에 평균 온도가 영하 25도로 지구의 영상 10도에 비해 훨씬 낮아요. 1970년 화성에 착륙한 바이킹 1, 2호도 생물체를 찾아내는 데 실패했어요.

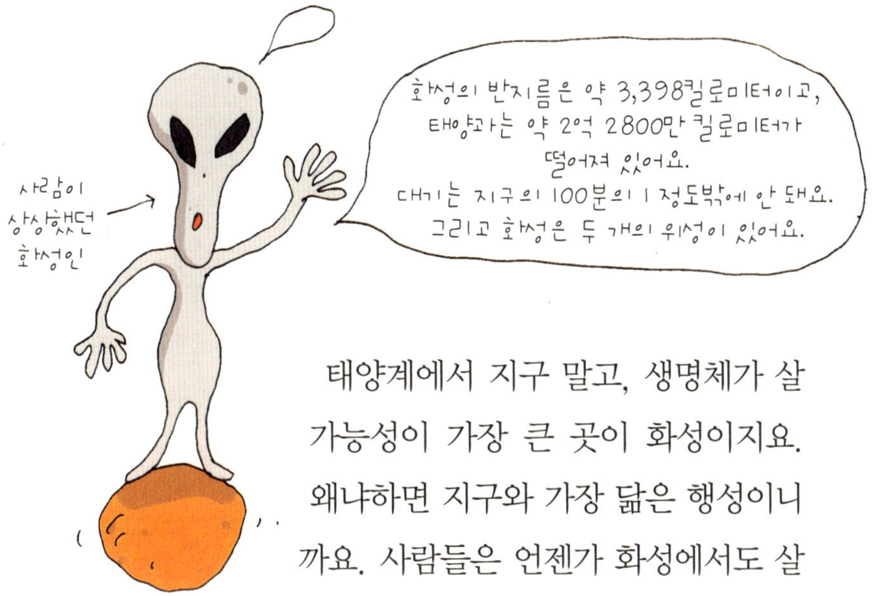

태양계에서 지구 말고, 생명체가 살 가능성이 가장 큰 곳이 화성이지요. 왜냐하면 지구와 가장 닮은 행성이니까요. 사람들은 언젠가 화성에서도 살려고 오래전부터 화성을 연구했어요. 그러나 1976년 화성에 착륙한 바이킹, 1997년 패스파인더 탐사 등에서도 생명체가 산다는 사실이 밝혀지지 않았어요. 물론 이러한 탐사는 인간이 직접 가서 탐사한 것이 아니에요. 무인 우주선으로 가서 탐사한 거예요.

지구에서 화성까지의 거리는 4억 킬로미터(km)로 도착하는 데만도 약 아홉 달 정도가 걸린다고 해요. 또 돌아오는 데 아홉 달, 탐사 기간 서너 달 정도로 잡으면 모두 2년 정도 걸린대요.

아직 사람이 화성에 직접 간 적은 없지만, 사람이 화성에 가면 우주 공학 발전에 크게 도움이 될 거예요. 많은 과학자는 우주 어디엔가 사람이 살기에 적합한 행성이 또 있을 거로 생각해요. 여러분이 연구해 보는 것은 어때요?

콩 • 알 • 퀴 • 즈 • 반드시 모자를 벗어야만 일을 할 수 있는 곳은? 이발소 • 답

유에프오(UFO)와 외계인은 정말 있나요?

유에프오(UFO)는 영어로 '미확인 비행 물체(Unidentified Flying Object)'의 머리글자를 따온 말이에요. 이 단어는 '미확인 비행 물체'에 우주인이 타고 다니는 것까지 뜻하지는 않아요.

사실 하늘에 보이는 이상한 것은 번갯불이나 비행기 또는 인공위성일 수도 있어요. 이런 것 중에서 정체를 알 수 없는 것을 '유에프오'라고 합니다.

1969년 오스트레일리아에 떨어진 운석에서 아미노산이 발견되었어요. 아미노산은 생물체를 구성하는 단백질의 기본 물질입니다. 이때부터 지구 이외의 별에도 생물체가 있는 것이 아닌가 생각하게 되었어요.

은하계에는 1000억 개가 넘는 태양과 같은 항성이 있고, 이 우주에는 그러한 은하계가 1000억 개 이상 있다고 합니다. 따라서 외계인이 없다고 말할 수는 없지요.

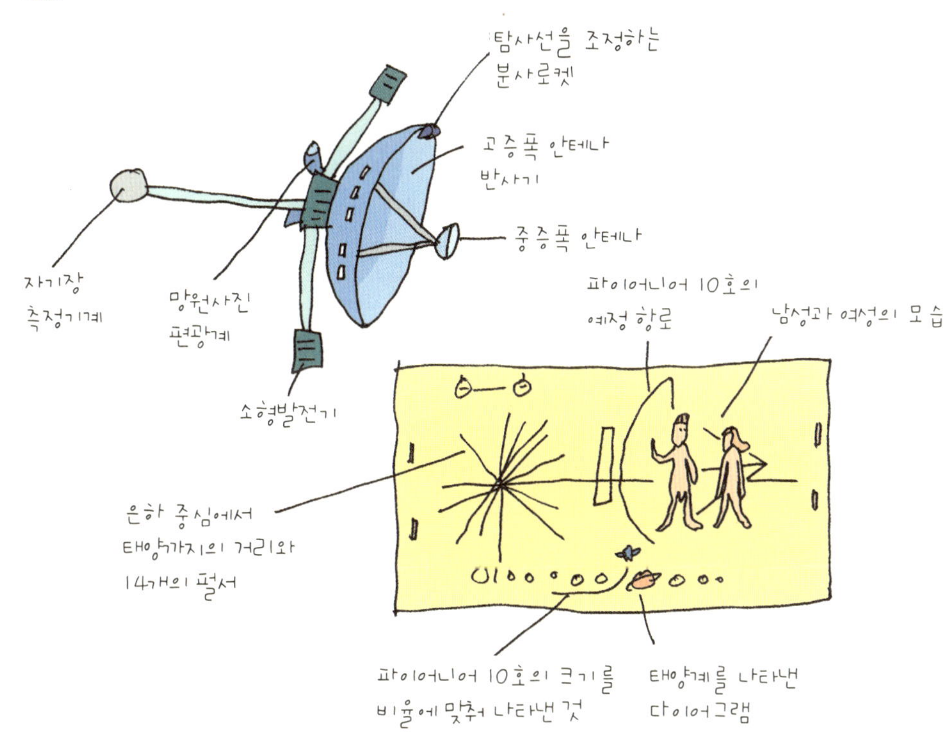

55

우주에서 사람들은 왜 떠다니는 걸까요?

5학년 2학기 국어, 4단원 나눔의 기쁨, 별똥별 아줌마가 들려주는 우주 이야기
5학년 2학기 국어, 4단원 나눔의 기쁨, 별난 선생님이 들려주는 우주 견문록

지구의 중심으로 물체를 끌어당기는 힘을 '중력(重力)'이라고 해요. 그런데 물체가 지구에서 멀어질수록 물체에 작용하는 중력도 점점 약해져요.

지구에서 거리가 2배 멀어지면 힘의 세기는 반의반으로 줄어들어요. 따라서 지구에서 아주 멀리 떨어진 우주에서는 지구 중력의 영향을 거의 못 받아요. 그래서 우주로 나가면 몸이 둥둥 뜨는 거예요. 이러한 상태를 무중력 상태라고 해요.

지구의 중심에 중력이라는 힘이 있다는 것을 발견한 사람은 영국의 물리학자 뉴턴이지요. 뉴턴은 우연히 사과나무에서 사과가 밑으로 떨어지는 것을 보고 지구 중심에는 물체를 끌어당기는 힘이 있다는 것을 알았어요.

태양의 중력은 지구의 28배이고, 달의 중력은 지구의 6분

의 1밖에 되지 않아요. 그래서 만약에 몸무게가 60킬로그램(kg)인 사람이 달에 가면 몸무게가 10킬로그램밖에 안 되고, 만약에 태양에 가게 된다면 1,680킬로그램이나 되는 거예요.

우주에서 우주복을 벗으면 어떻게 되나요?

우주(宇宙)는 진공 상태(眞空狀態)입니다. 다시 말해서 공기가 없는 상태랍니다.

사람이 우주에서도 숨을 쉴 수 있게 만든 것이 우주복입니다. 즉 우주복이 없으면 우주 비행사는 우주에서 살 수가 없겠지요. 대기권 밖의 우주는 무중력의 진공 상태이고 영하 27도의 차가운 기온이에요. 이런 환경에 적응할 수 있도록 우주복은 마치 밀폐용기처럼 되어 있어요.

몸에 적당한 압력과 온도를 만들어 줍니다. 또, 우주선의 가속도, 우주에 있는 방사능이나 강한 빛으로부터 몸을 보

둥둥

미국 나사
우주인들이 버린
판다 인형

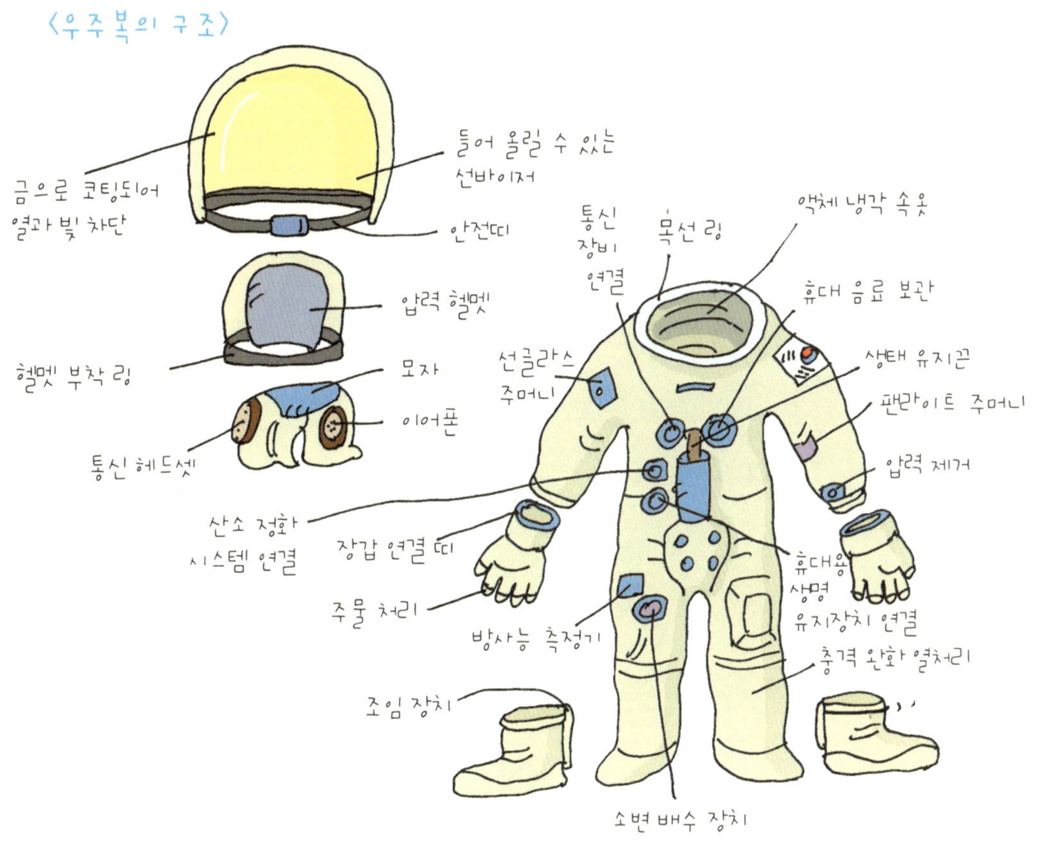

호하는 일을 합니다. 헬멧은 통신할 수 있도록 첨단 통신 장치가 되어 있고, 식사와 배설도 가능하게 설계되어 있어요. 은백색인 우주복은 열에 강한 화학 섬유이고, 산소가 바깥으로 새어 나가지 않아요.

　많은 사람이 우주를 여행하게 되면 우주복 패션도 생각하는 날이 오겠지요.

은하수는 어떻게 생겼어요? 왜 우리나라에서는 볼 수가 없나요?

은하수(銀河水)는 셀 수 없을 만큼 많은 별이 모여 있는 것이에요. 또 가스와 먼지도 은하수에 떠 있고요. 바로 그 가스와 먼지가 별빛을 받아 희미하게 빛나 구름처럼 보여요. 이 구름의 모습과 별빛이 모여 하늘에 떠 있는 강물처럼 보이지요.

공기가 더러운 곳이나 도시가 너무 밝은 곳에서는 은하
수를 볼 수 없어요. 하지만 빛의 공해가 적고, 공기가 깨끗
한 곳에서는 맑은 날 밤에 은하수를 볼 수 있답니다.

우주는 어떻게 생기게 되었나요?

우주의 생성에 대해서는 많은 이론이 있어요.

고대 그리스 사람은 신들이 땅과 하늘을 창조했다고 했어요. 2,000년 전의 중국 신화에서는 알에서 태어난 거인이 세계를 창조했다고 하고, 성경에서는 하느님이 6일 만에 하늘과 땅을 비롯해 모든 생물을 만들었다고도 해요.

오늘날에는 우주가 약 150억 년 전에 생겨났다고 믿고 있어요. 우주는 모든 물질을 담고 있는 입자가 빅뱅(대폭발)을 일으키면서 시작되었다고 합니다.

태양, 지구, 다른 행성은 46억 년 전에 생겼는데, 우주에서 소용돌이치는 가스와 먼지, 구름이 뭉쳐서 이루어졌다는 것이 현재의 생각이지요.

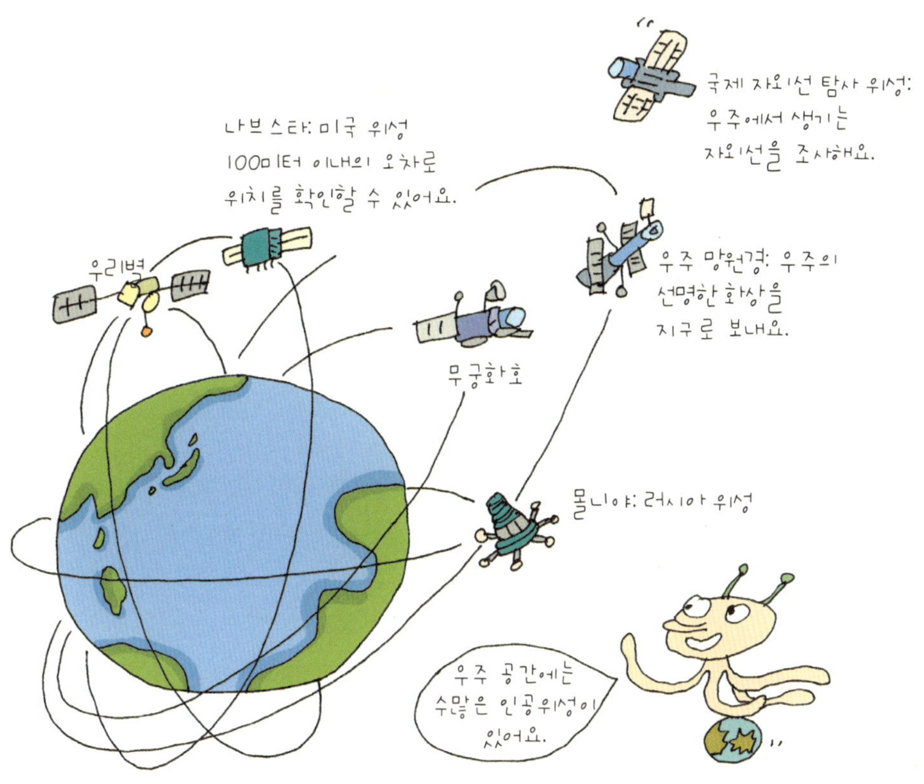

과학이 발달하자 인간은 우주를 탐사했어요. 우주 탐사는 천문학과 우주 공학을 이용해 우주를 탐사하는 것이에요. 사람이 직접 타고 탐사하는 '우주 비행'과 사람이 타지 않고 로봇을 원격 조정하여 탐사하는 무인 '우주선과 인공위성'이 있어요.

1957년 소련이 지구 궤도에 쏘아 올린 최초의 인공위성인 스푸트니크 1호가 발사되었어요. 그 뒤 1969년 미국의 아폴로 11호가 최초로 사람을 태우고 달 착륙에 성공했어요.

우주에 별은 몇 개나 있나요?

우리가 눈으로 볼 수 있는 별의 수는 약 6,000개라고 해요. 하늘에 있는 별의 수를 일일이 세어 볼 수는 없지만, 계산해 보면 대략 알 수는 있어요. 우주 공간에는 우리 은하와 같은 은하가 약 1000억 개 있다고 짐작해요.

호주 국립대의 사이먼 드라이버 박사는 우주에 있는 별의 수는 7 뒤에 0이 무려 22개가 붙을 만큼 많다고 발표했

숫자 읽기

1 일

10 십(10의 1승)

100 백(10의 2승)

1,000 천(10의 3승)

10,000 만(10의 4승)

100,000,000 억(10의 8승)

1,000,000,000,000 조(10의 12승)

10,000,000,000,000,000 경(10의 16승)

100,000,000,000,000,000,000 해(10의 20승)

1,000,000,000,000,000,000,000,000 자(10의 24승)

10,000,000,000,000,000,000,000,000,000 양(10의 28승)

100,000,000,000,000,000,000,000,000,000,000 구(10의 32승)

습니다. 이는 바닷가와 사막의 모래 알갱이 수를 모두 합친 것보다 10배 더 많은 개수입니다.

드라이버 박사는 밤하늘 일부분을 선택해 망원경으로 약 1만 개의 은하를 찾아냈고, 그 밝기를 세밀하게 측정하여 각각의 은하에 포함된 별의 수를 계산했다고 해요.

우주의 블랙홀은 왜 생기나요?

우주는 상상조차 할 수 없이 커요. 거기에는 신비하고 재미있는 일들이 항상 일어나고 있죠. 그중에서 블랙홀은 우리가 궁금해하는 것 중 하나예요. 블랙홀은 엄청난 힘으로 주위의 모든 것을 빨아들인대요. 빛까지 빨아들이기 때문에 검게 보이지요.

빛까지 빨아들인다니 얼마나 무시무시한 줄 알겠지요. 중력이 강해서 빛조차도 빠져나갈 수 없는 검은 구멍, 블랙홀은 우주의 무덤이라고도 해요. 블랙홀의 중력에는 어떤 것도 맞설 수가 없대요. 별도 산산이 조각난대요.

블랙홀은 별의 시체입니다. 다시 말해서 블랙홀은 블랙홀이 되기 전에 별이었어요. 그것도 아주 큰 별이었습니다. 태양보다 서른 배 이상 질량이 큰 별이었죠. 이런 별이 죽으면 중심에서 무엇이든 빨아들이는 블랙홀이 됩니다. 하지만, 너무 멀리 있는 것은 빨아들이지 못해요.

블랙홀에 들어가면 절대로 못 빠져나온다는데 왜 그런지 궁금해요

지구에 사는 생물과 무생물은 모두 땅에 붙어 있어요. 그건 지구의 중력이 우리를 잡아당기기 때문이지요. 우리가 서서 걷거나 뛰어다닐 수 있는 것도 지구의 중력 덕분입니다.

태양은 지구보다 중력이 30배 가까이 커서, 지구에서 40킬로그램(kg)인 사람은 태양에서는 1,200킬로그램이 되지요. 태양에 가면 타 죽기 전에 납작해질지도 몰라요.

블랙홀은 태양과 비교도 안 될 만큼 엄청난 중력이 있어요. 심지어 빛까지도 빨아들일 정도라니까 그 힘이 대단한 것이지요.

실제로 모든 것을 빨아들일 수 있는 엄청난 중력이 있는 블랙홀은 존재해요. 그러면 모든 것을 뿜어내는 화이트홀도 존재할까요. 과학자들은 이러한 화이트홀이 존재한다면 블랙홀과 화이트홀 사이에 웜홀도 존재할 것으로 가정하고 있어요. 하지만 화이트홀이나 웜홀은 이론으로만 존재할 뿐 실제로 확인되지는 않았어요.

이런 추측이나 상상은 매우 중요해요. 과학을 더욱 발전시키고 새로운 것을 발명하고 발견하게 되는 것은 인간의 끊임없는 상상력과 호기심 덕분이지요.

가장 멀리 떨어져 있는 별과 별 사이의 거리는 얼마나 되나요?

태양계가 포함된 우리 은하는 지름만 10만 광년이나 걸리는 거리입니다.

여기서 광년이란 빛이 1년 동안 가는 거리를 말해요. 우주에는 이런 은하가 약 1000억 개나 더 있어요. 그리고 은하 몇 개가 모여서 은하군을 만들고, 그것들이 모여 은하단과 초은하단이 되어요.

　　현재 나사에서 측정한 전체 우주의 지름은 대략 400억 광년입니다. 그러니까 가장 멀리 떨어진 별과 별 사이의 거리는 약 400억 광년이겠지요.

> **우리 은하**(우리 銀河)는 태양계가 속해 있는 은하입니다. 은하수는 지구에서 보이는 우리 은하의 부분으로, 하늘에 흐르는 빛의 강물처럼 보입니다. 태양계는 태양의 끌어당기는 힘 안에 있는 행성, 위성, 운석, 혜성 등이 모여 이루어졌습니다.

우주의 끝은 있나요?

우주는 계속 팽창하고 있습니다. 미국의 천문학자 허블은 1929년 망원경으로 우주를 관찰한 결과 은하들이 서로 멀어지고 있다는 것을 발견했어요.

풍선에 사인펜으로 몇 개의 점을 찍고 바람을 불어 넣으면 각 점 사이가 멀어지는 것처럼 말이죠. 우주도 이렇게 커지고 있기 때문에 그 끝이 어디라고 콕 찍어 이야기할 수는 없어요.

밤하늘은 왜 어두울까요?

물론 태양이 없기 때문이라고 말할 수 있겠지요. 그러나 우주에는 태양보다 더 밝게 빛나는 별도 많아서 햇빛이 없어서 밤하늘이 어둡다는 것은 맞지 않아요. 밤이 환하지 않은 것은 별들이 지구와 무척 멀리 떨어져 있기 때문에 빛이 약한 거예요. 우주가 계속 팽창하면 할수록 별은 더 멀어져

가고 밤하늘은 더 어두워져요.

빛의 파장으로 가까운 별은 푸른빛을 내고 멀리 떨어져
있는 별은 붉은빛을 띠어요. 별이 점점 붉은빛을 띠게 된다
면 점점 지구와 멀어져 가고 있다는 것이고, 우주가 점점
커진다고 말할 수 있어요.

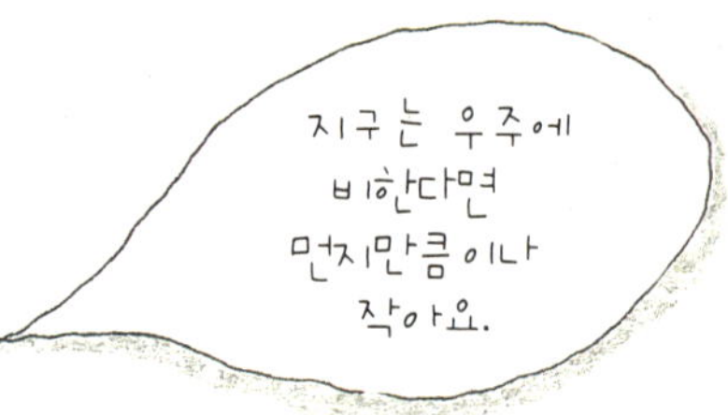

우주의 넓이는
얼마인가요?

천문학자는 우주의 나이를 대략 130억~200억 년이라고 말을 하지요. 그러나 우주가 얼마나 크며, 앞으로 얼마나 커질지는 아무도 몰라요. 다만, 은하나 성단이 점점 멀어지는 것을 보고 우주가 점점 부풀고 있다는 사실만 알 수 있지요. 우주는 자꾸만 커져서 별 사이가 점점 멀어지고 있어요.

처음에 우주는 한 덩어리였는데, 어떤 이유로 폭발했대요. 이걸 바로 '빅뱅 이론(Big-Bang說)'이라고 하지요.

'빅뱅 이론'으로 보면 폭발 물질은 떠돌다 사라지고, 일부는 적당히 커져서 형태를 갖추었고, 이 형태는 빨리 팽창하여 우주가 되었다고 해요.

빠른 속도로 점점 커지는 우주의 크기를 정말로 알 수 있을까요?

지구가 속한 태양계는 전 우주와 비교하면 먼지 한 점에 지나지 않아요.

제3장 과학

생활 곳곳에 있는 과학

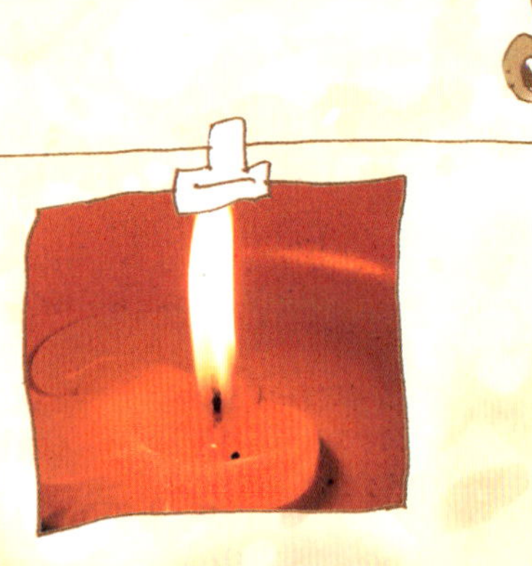

여러분은 사진을 찍어 본 적이 있나요? 카메라로 사물을 찍으면
'찰칵' 소리와 함께 사진이 찍히지요. 그럼 카메라는 어떤 원리로
사진이 찍히는 걸까요? 카메라의 원리를 알려면 '빛의 성질'도
알아야 하고, '눈의 원리'도 알아야 합니다. 이렇게 우리 생활
곳곳에는 여러 가지 과학이 숨어 있답니다. 차근차근 배워 볼까요.

 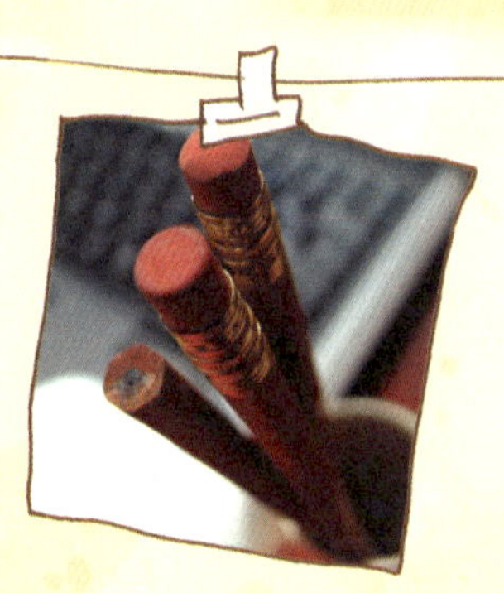 

빛은 막힌 곳에는 왜 통하지 않나요?

빛은 항상 직선으로 움직입니다. 하지만 빛이 나아갈 길에 방해물이 생기면 빛은 반사하거나 굴절해요. 반사란 빛이 원래

있던 곳으로 되돌아가는 것을 말하고, 굴절이란 방해물에 부딪혔을 때 방향을 꺾는 것을 말합니다.

빛이 벽을 통과할 수 없는 이유는 바로 이렇게 빛이 방향을 바꾸기 때문이랍니다.

전화기는 어떻게 멀리 있는 친구의 말도 잘 들리게 할까요?

3학년 1학기 듣기·말하기, 4단원 마음을 전해요, 전화로 나누는 대화
3학년 1학기 듣기·말하기, 4단원 마음을 전해요, 전화 걸고 받는 방법
6학년 2학기 과학, 3단원 에너지와 도구, 에너지의 종류가 바뀌는 예를 찾아볼까요?

우리가 수화기를 향해서 말을 하면 공기가 진동하지요. 이 진동이 전해져 수화기 안에 있는 얇은 알루미늄 막으로 된 진동판이 같이 떨리게 돼요. 이 울림이 전화기 안에서 전파로 바뀐 뒤, 다시 전화선에 전해져 상대방에게 가게 되는 거예요. 수화기에 도착한 전파는 그 안에서 다시 공기의 진동으로 바뀌지요. 그 진동이 소리가 되어 상대방에게 목소리로 전해지는 것이랍니다.

좀 더 정확히 말해서 진동판이라는 것은 송화기 안에 설치되어 있답니다. 전화기의 구조는 송화기와 수화기로 나누어지지요. 우리가 입에 가까이 대고 말하는 부분을 송화

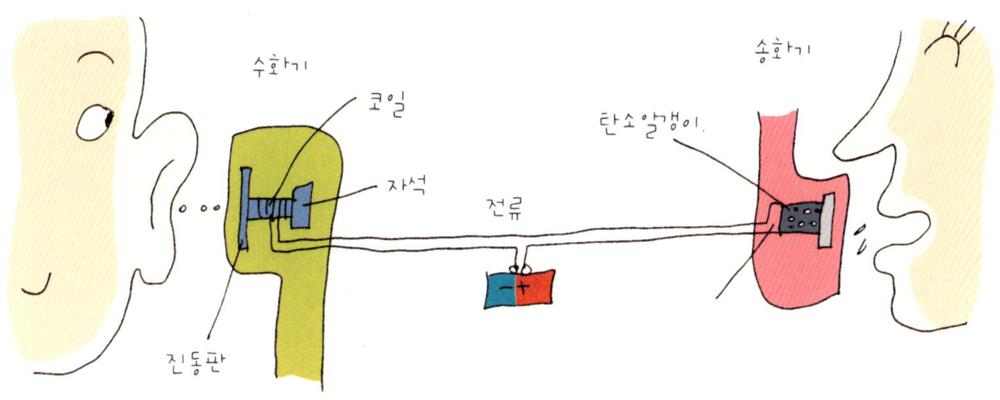

〈전화기의 구조〉

기, 상대방의 소리를 듣는 부분을 수화기라고 해요.

우리가 말을 할 때마다 송화기 안에 있는 진동판이 울리는데, 이 울림이 전류의 세기를 강하게 또는 약하게 조절해 전류가 전선을 타고 흐르지요. 이때 전류는 상대방의 수화기에 전달되어 다시 소리로 바뀌게 되지요. 송화기와 반대로 수화기에는 전해진 전류를 세기에 따라 소리의 진동으로 바꾸는 장치가 있기 때문이에요.

그리고 휴대폰의 원리는 소리가 전파로 바뀌어 무선 기지국에 전달되는 거예요.

연필로 쓴 것을 지우개는 어떻게 지울 수가 있는 건가요?

1학년 1학기 쓰기, 1단원 배우는 기쁨, 연필 잡기
3학년 1학기 과학, 1단원 우리 생활과 물질, 다양하게 쓰이는 물질
3학년 1학기 과학, 2단원 자석의 성질, 자석에 안 붙는 물체

연필로 쓴 글자를 크게 확대해서 보면 비밀을 알 수 있어요. 울퉁불퉁한 종이의 표면 위에 작은 연필심 가루가 늘어서 있는 것을 볼 수 있을 거예요. 이것을 지우개로 문지르면 그 가루가 떨어져 나가 글자가 지워지지요.

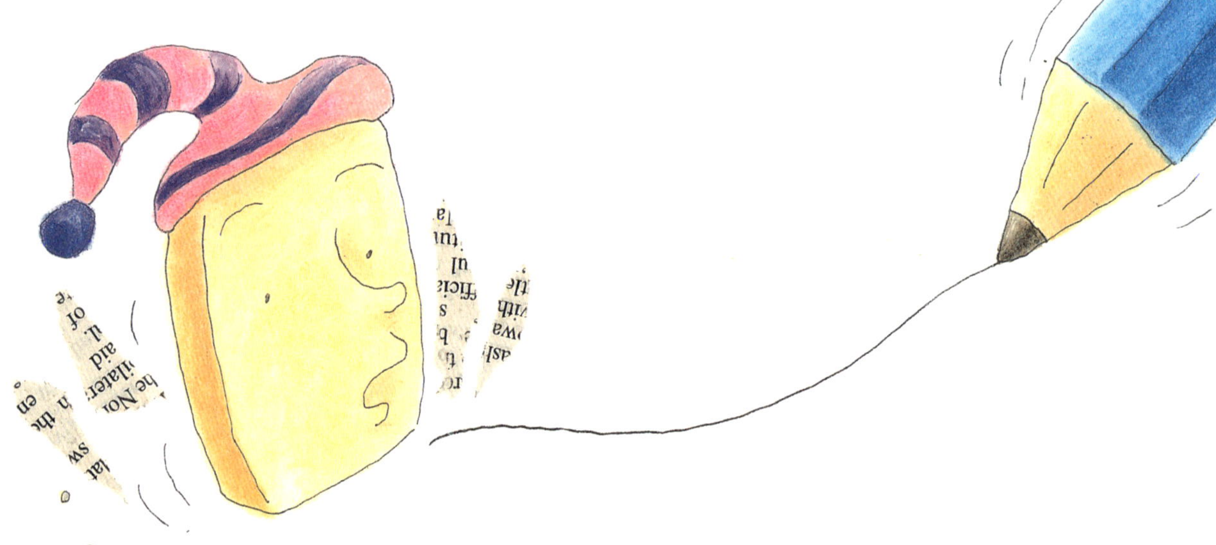

좀 더 자세히 말하면, 연필심 가루인 흑연은 종이 섬유에 엉겨 붙어 있지요. 이 연필 자국을 지우개로 문지르면 종이 섬유에 붙어 있던 흑연 입자가 지우개 가루에 붙으면서 종이에서 떨어져 나오는 거예요. 이것은 지우개가 종이보다 강하게 흑연 가루를 잡아당기기 때문이지요.

만일 지우개를 물에 적시면 물이 지우개가 흑연 입자를 빨아들이기 어렵게 만들지요. 그래서 젖은 지우개는 쓸모없는 거예요.

또 오래된 연필 자국은 흑연과 종이가 이미 단단하게 붙어서 방금 쓴 연필 자국보다 훨씬 지우기 어렵답니다.

기차는 어떻게 움직이는지 궁금해요

주전자의 물이 끓으면 주전자 뚜껑이 달그락거리며 움직이는 걸 본 적이 있을 거예요. 그 뚜껑을 움직이는 힘은 어디서 왔을까요? 그것은 물이 끓어서 생긴 수증기의 힘입니다. 이 힘을 이용해서 처음으로 기차가 만들어졌어요. 그래서 이런 기차를 증기 기관차라고 해요.

그러나 요즘은 전기의 힘을 이용해요.

그럼 최고 속도가 시속 200킬로미터(km) 이상인 고속철도를 알아볼까요?

고속철도는 '자기 부상 열차'가 기본이지요.

여기서 '자기'라는 것은

84

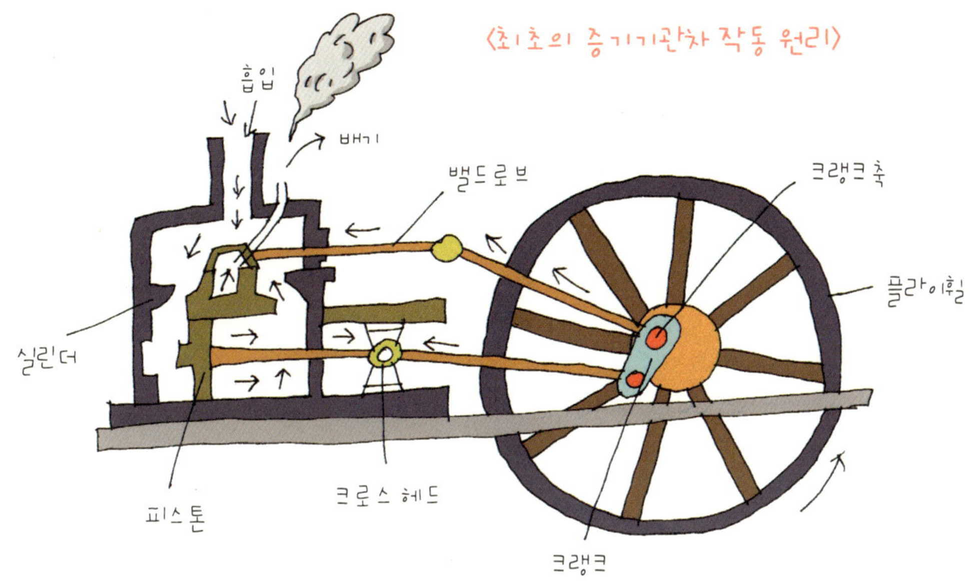

자석의 원리를 이용해서 기차가 움직이기 때문에 붙여진 것이고 '부상'은 열차가 레일 위에 떠서 움직이기 때문에 붙여진 것이에요.

　'자기 부상 열차'는 자석이 서로 다른 극끼리는 끌어당기고, 같은 극끼리는 밀어내는 힘을 이용합니다. 열차의 아래 또는 양옆에 자석의 S극과 N극을 번갈아 놓고, 마찬가지로 레일에도 이런 식으로 자석을 설치하지요. 그래서 열차의 앞쪽에선 다른 극끼리 계속 딩기고 뒤쪽에선 같은 극끼리 계속 밀어내기 때문에 열차가 레일을 벗어나지 않고 앞으로 계속 달릴 수 있는 거래요. 또 자기 부상 열차는 바퀴가 없어 매우 조용하답니다.

아파트나 집은 왜 멀리서 보면 작게 보이고, 가까이에서 보면 크게 보이나요?

3학년 2학기 과학, 4단원 빛과 그림자, 빛 알아보기
6학년 1학기 과학, 1단원 빛, 렌즈로 물체를 보면 어떻게 보일까요

사람의 눈에는 수정체라는 일종의 렌즈가 있어요. 빛이 이곳을 통과하여 망막에 상이 맺혀 물체를 볼 수 있지요. 수정체는 초점을 맞추려고 거리에 따라 그 두께를 조절해요. 이 때문에 가까이 있는 물체는 크게 상이 맺혀 크게 보이고 멀리 있는 물체는 상이 작게 보이는 거랍니다.

이러한 우리 눈과 비슷한 원리로 카메라를 만든 거지요. 카메라의 구조는 사람의 눈과 닮았어요. 사진을 찍으려고 셔터를 누르면 수정체에 해당하는 렌즈를 통해 순간적으로 빛이 카메라로 들어가지요. 홍채에 해당하는 조리개는 빛의 양을 조절해 망막에 해당하는 필름 위에 초점을 맞추는 거예요.

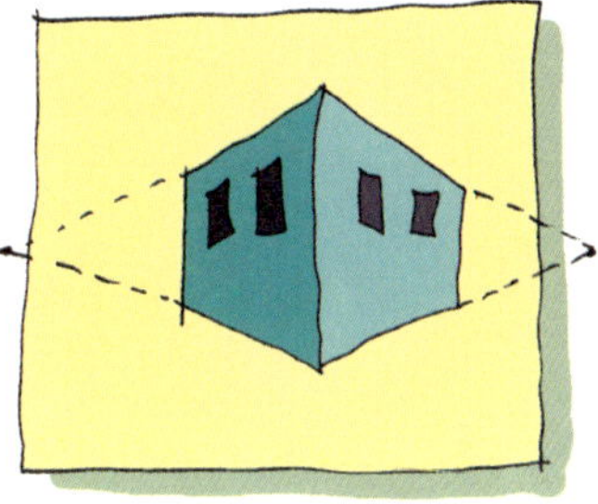

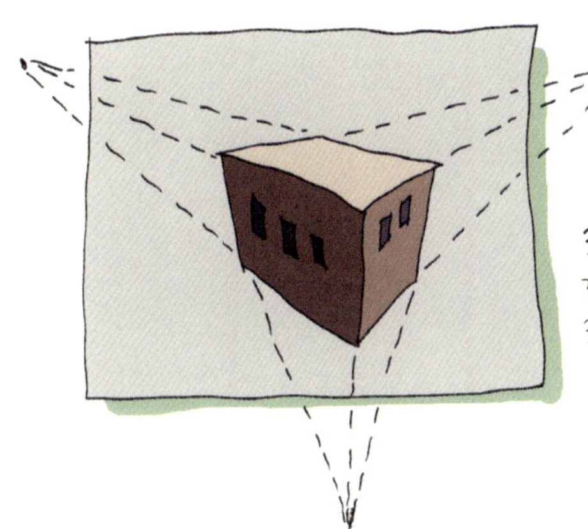

디지털카메라의 원리는 조금 달라요. 디지털카메라는 렌즈로 들어오는 빛을 전기적 신호로 바꾸는 센서가 있어요. 여하튼 카메라가 사물을 멀리서 찍으면 작게 나오고 가까이서 찍으면 크게 나오는 건 사람의 눈과 비슷한 점이지요.

석유는 어떻게 생기는 건가요?

4학년 2학기 과학, 2단원 지층과 화석, 암석 속에 있는 생물의 흔적

6학년 2학기 과학, 3단원 에너지와 도구, 에너지는 무엇이며, 에너지에는 어떤 종류가 있을까요?

다른 연료와 마찬가지로 석유도 상상도 못 할 만큼 오래된 물질입니다. 가장 오래된 석유는 6억 년 전에 생겨났어요.

석유가 생성될 무렵 바다는 지금보다 훨씬 넓었어요.

지금의 건조한 지역들, 특히 석유 생산 국가들도 당시엔 물속에 있었어요. 그 바다에는 동식물이 많이 살았어요.

바닷속에 살던 동식물이 죽어 수백만 년을 거치면서 바다 바닥에 쌓였어요. 이것들은 고운 흙과 함께 섞여 층을 형성했고 시간이 지나면서 점점 더 높이 쌓였어요. 이 덩어리들은 압력을 받아 변했어요.

진흙층과 모래층 아래에 묻힌 죽은 동식물의 잔해는 수많은 시간이 흘러가면서

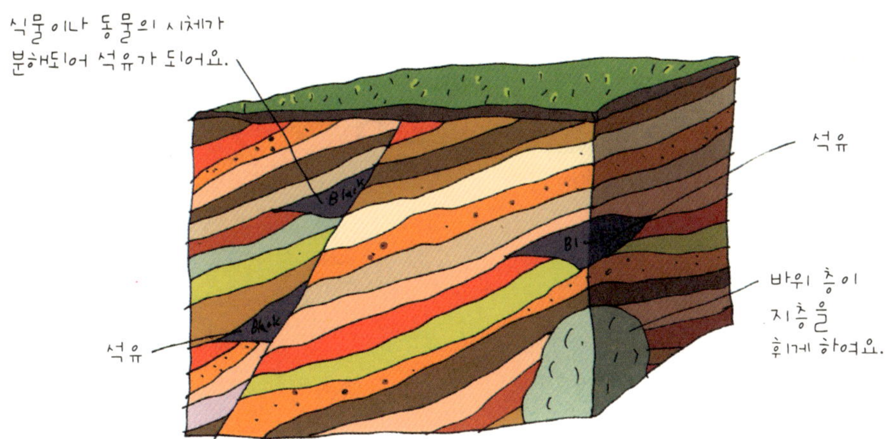

사방이 눌려 소량의 석유 방울이 되었어요. 이런 것들이 솟아나지 못하고 암석 밑에 고여서 지금의 석유가 된 것이랍니다.

그럼 사람이 석유를 만들 수 있을까요? 사람이 석유를 만든다는 것은 불가능하답니다. 석유를 구성하는 모든 원소를 알아도 그것을 얼마만큼, 어떻게 섞어야 하는지 아직 밝혀지지 않았어요. 또 석유가 되기까지 얼마만큼의 시간이 걸리는 지도 확실하게 밝혀지지 않았답니다.

석유는 머지않아 모두 없어지고 말아요. 그러니 에너지를 절약해야겠지요. 지금 세계 여러 나라에선 석유를 대신할 에너지를 개발하려고 노력하고 있답니다.

피리 소리는 어떻게 나는 거죠?

3학년 음악, 4. 리코더 세상
3학년 1학기 과학, 1단원 우리 생활과 물질, 고체·액체·공기·기체
4학년 음악, 대취타, 나발, 태평소

소리는 물체의 진동으로 생겨요. 피리는 공기를 진동시켜 소리를 내지요. 피리 속에 들어 있는 공기 기둥이 길수록 진동수가 적어 낮은 소리를 내며 공기 기둥이 짧을수록 진동수가 많아 높은 소리를 냅니다. 피리의 구멍을 모두 막으면 피리 안에 가장 긴 공기 기둥이 만들어져 가장 낮은 소리를 내지요.

그리고 구멍을 열수록 공기 기둥이 조금씩 짧아지므로 점점 더 높은 소리를 내는 거랍니다.

피리는 입으로 불어서 관 속에 들어 있는 공기를 진동시켜 소리를 내는 공명 악기예요. 서양의 관악기와 같아요. 대금, 향피리, 세피리, 당피리, 퉁소, 태평소 등이 모두 공명 악기예요.

피리는 '서'라는 대나무 주둥이를 물고 그것을 진동시켜 소리를 나게 하는 악기로, 대나무 중에서 황죽으로 만듭니다. 구멍은 뒤쪽에 있는 구멍을 포함해 모두 8개지요. 소리는 대체로 어둡고 슬픈 느낌이 들죠.

피리에는 향피리, 세피리, 당피리가 있답니다.

> **'서'**는 대나무를 가늘게 깎아 두 겹으로 겹쳐서 만든 일종의 얇은 대나무 주둥이입니다.

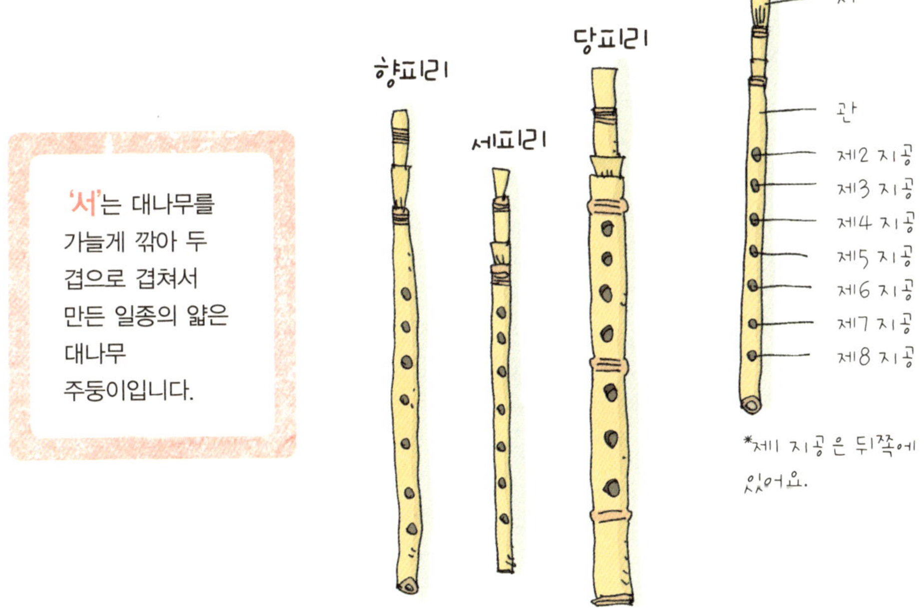

사진 찍을 때 '번쩍' 하고 빛이 나는 것은 왜인가요?

사진을 찍는다는 것은 필름을 빛에 노출한다는 것이지요. 따라서 빛이 없으면 사진이 찍히지 않아요. 그래서 사진기에는 '플래시 라이트'가 있지요.

밤이나 주위의 빛이 약할 때, 이것이 빛을 보완해 줍니다. 그래서 어두운 곳에서 사진을 찍을 때, '번

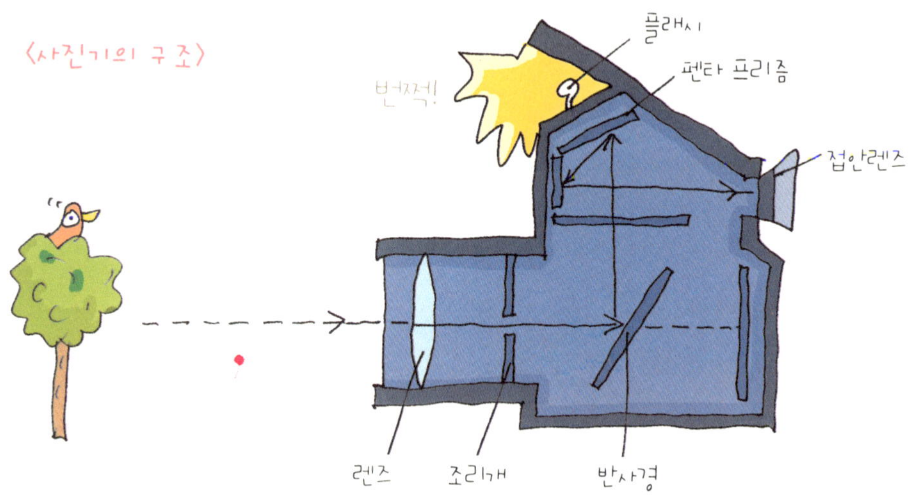

92

쩍' 하고 빛이 나는 것이지요.

사진의 밝기는 플래시 앞쪽으로 올수록 밝게 나옵니다. 또, 플래시의 빛을 반사해 주는 반사경이 얼마나 좋으냐에 따라 달라진다고 해요.

반사경이 좋더라도 보통 5~10미터(m) 안쪽에 있을 때는 직접 빛의 영향을 받지요. 하지만 요즘 촬영 때에는 반사판 등을 사용해서 간접적인 빛을 받도록 한대요.

반짝반짝 거울은 어떻게 나를 비출 수 있는 거지요?

5학년 1학기 사회, 2단원 다양한 문화를 꽃피운 고려, 용 나무 전각 무늬 거울
6학년 1학기 과학, 1단원 빛, 거울에 부딪힌 빛은 어떻게 나아갈까요?

우리 주변의 여러 가지 사물은 빛의 반사에 의해 우리의 눈에 보이지요. 거울은 유리 뒤에 광택이 있는 금속을 얇게 칠하고 그곳에 사물을 반사해 뚜렷하게 비추는 것이에요. 거울 앞에 섰을 때 보이는 자신의 모습은, 몸에 부딪혀 튀어나온 빛을 거울이 반사해 만든 빛의 상이지요.

여러 가지 거울

우리가 아는 거울 중에는 사물이 있는 그대로 보이는 일반 거울도 있지만, 조금 다르게 보이는 볼록 거울과 오목 거울도 있어요.

볼록 거울은 거울이 볼록해, 빛을 퍼뜨려 실물보다 작게 보여요. 볼록 거울을 손쉽게 보려면 숟가락 바깥 면을 보면 알 수 있어요. 그와 반대로 오목 거울은 거울 면이 오목해 빛을 모을 수 있어서 실물보다 크게 보여요.

거울에서 멀리 떨어져 있을 때는 상의 크기가 실물보다 작고, 거꾸로 가까이 가면 실물보다 상의 크기가 커져요.

실물보다 작고 시야가 넓게 보여요. 구부러진 길에서 반대에서 오는 차를 보려고 길에 세웁니다.

엘피지(LPG) 가스통은 왜 터지는 것일까요?

엘피지(LPG)는 우리가 액화 석유 가스라고 부르는 것이에요. 'Liquefied Petroleum Gas'의 머리말을 따온 것입니다.

이 가스는 기체라서, 우리가 연료로 이용하려면 압력은 높이고 온도는 최대한 낮추어서 액체 상태로 만들어야 해요. 그래서 가스통을 흔들면 출렁거리는 것을 느낄 수 있고, 차갑다는 것을 알 수 있어요. 이 가스는 열량이 매우 크기 때문에 굉장한 힘이 있어요.

외부에서 강한 힘이 가해지면, 그 열량이 갑자기 밖으로 한꺼번에 나오기 때문에 폭발하는 것이에요.

그럼 우리 생활에 유용하게 쓰이는 엘피지(LPG)는 어떻게 만들까요?

원유를 정유 공장의 증류탑에 넣고 끓이면 각종 석유 제품이 만들어져요. 정유 공장에서 만드는

석유 제품으로는 아스팔트(asphalt), 중유, 경유, 휘발유, 프로판(propane), 부탄(butane) 등이 있어요. 이 중에서 프로판과 부탄은 기체인 가스 상태이고, 나머지는 액체예요. 여기에서 프로판과 부탄을 '석유 가스'라고 한답니다. 이러한 석유 가스를 높은 압력을 가해 압축하면 액체 상태로 되는데, 이것이 바로 '액화 석유 가스'인 엘피지(LPG)예요.

이렇게 석유 가스인 프로판과 부탄가스를 액체 상태로 만드는 이유는 가스의 부피가 250분의 1로 줄어들기 때문이에요.

부피가 작아지면 운반하기 쉽고, 가스 탱크 통을 두는 곳이 넓지 않아도 되는 등 생활에서 더 편리하게 사용할 수 있지요. 우리가 흔히 휴대용으로 쓰는 부탄가스통을 살짝 흔들어 보세요. 찰랑거리는 물소리가 들릴 거예요.

97

무거운 배가 어떻게 바다 위에 떠 있나요?

부력 때문입니다. 부력이란 물체를 물에 뜨게 하는 힘을 말합니다. 부력은 아르키메데스라는 과학자가 발견했어요. 물속에 잠긴 물체의 크기와 같은 만큼의 물이 중력의 반대 방향으로 밀려지는 힘을 말해요.

지구 중심에는 모든 물체를 끌어당기는 힘이 있어요. 이것을 중력이라고 합니다. 물체가 받는 중력과 부력이 같을 때 물체는 떠 있는 거예요.

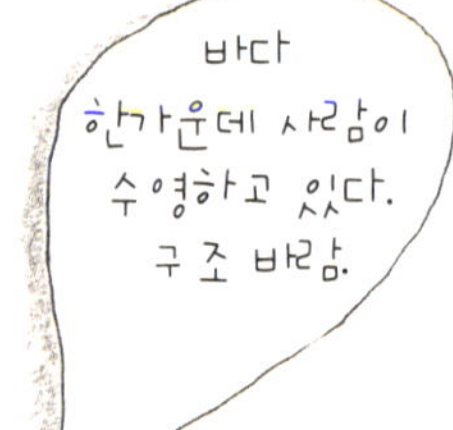

　부력은 물체가 물과 닿는 부분이 넓고, 무게가 가벼울수록 더 커진 답니다. 그래서 아주 크고 무거운 배도 물에 띄울 수 있는 거예요. 예를 들어 못은 배보다 가볍지만, 물과 닿는 면이 작고, 안이 꽉 차 있어요. 그래서 무게보다 부력을 받는 부분이 적어 금방 가라앉지요.

　반대로 배는 물과 닿는 부분이 넓고, 배 안쪽이 비어 있어 부력이 크게 받는 거예요. 사람이 누워 있으면 물에 더 잘 뜨는 것도 같은 원리랍니다.

머리카락이나 옷에 풍선을 문지르면 정전기가 생기는데 왜 그럴까요?

3학년 1학기 과학, 2단원 자석의 성질, 자석에 붙는 물체에는 어떤 것이 있을까요?

5학년 1학기 과학, 2단원 전기 회로, 전기가 통하는 물체에는 어떤 것이 있을까요?

원래 머리카락은 전기를 가지지 않아요. 하지만 풍선으로 문지르면 마찰로 머리카락의 −전하가 풍선으로 넘어가게 됩니다. 이럴 때 풍선은 −전하가 많아지고, 머리카락은 +전하가 많아져요.

이렇게 서로 반대되는 전하를 여분으로 가지게 되면 이들 물체는 서로 끌어당기게 됩니다. 그래서 머리카락이 풍선에 달라붙는 정전기가 나타나요.

정전기는 습도가 높은 여름철에는 느끼지 못하고 습도가 낮고 건조한 겨울철에 많이 느껴요. 가전제품을 만지거나 천연 섬유가 아닌 화학 섬유의 옷을 입고

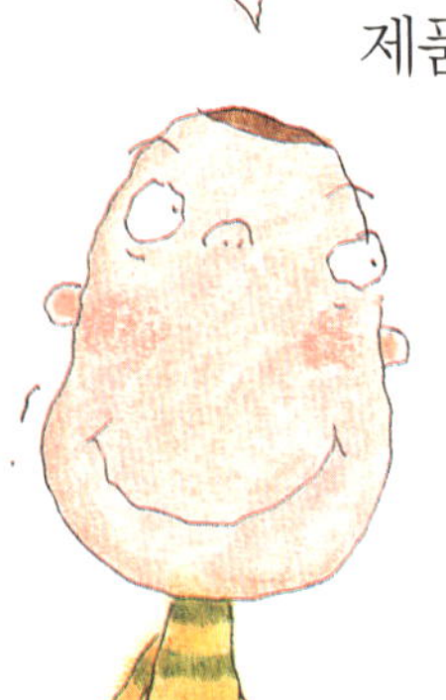

벗을 때, 그리고 자동차 문을 만졌을 때 갑자기 생겨요.

찌릿찌릿! 기분 나쁜 정전기를 예방하는 방법은 신체가 건조하지 않도록 로션을 자주 바르고, 정전기를 방지하는 제품을 뿌려주는 것이지요. 정전기가 많이 생기는 털옷을 피하는 것도 예방의 한 방법이겠지요.

비행기를 타거나 높은 곳으로 가면 귀가 먹먹해지는데 왜 그럴까요?

3학년 1학기 과학, 4단원 날씨와 우리 생활, 바람의 방향과 세기
3학년 2학기 과학, 1단원 액체와 기체의 부피, 부피와 무게를 가지는 기체

대기의 압력과 귀의 구조 때문입니다.

대기에는 무게가 있는데, 높은 곳일수록 공기의 양이 적어져 기압이 낮아져요.

우리 귓속의 고막은 얇은 막으로 되어 있는데, 그 안은 공기로 가득 차 있어요. 그러니까 보통 때의 우리 귀는 고막 바깥은 공기로 눌리고, 안쪽은 그에 알맞은 압력의 공기로 눌리고 있어 불편함을 못 느끼지요.

그런데 높은 곳에 올라가 바깥의 기압이 낮아지면 안쪽의 공기 압력이 강해져서 갑자기 귀가 먹먹해지는 것입니다.

　　넓고 넓은 하늘에는 비행기가 다니는 길이 있답니다. 그럼 비행기는 어느 길로 다닐까요? 비행기가 날아다니는 고도는 약 10킬로미터(km) 상공인데 그곳에는 편서풍이 불고 있어요. 공기의 흐름에 따라 연료를 적게 소모하고 가장 빨리 갈 수 있는 고도, 위도, 경도를 이은 선이 항로지요.

　　비행기가 날 수 있는 대기층은 압력뿐 아니라 온도에 따라서도 4단계로 나누는데요. 대류권, 성층권, 중간권, 열권으로 나뉘어요. 비행기가 나는 길은 대류권과 성층권이에요. 성층권은 기온이 일정하고 공기가 적어서 방해도 덜 받기 때문에 비행기가 날 수 있는 좋은 조건이 되지요.

　　로켓이나 인공위성은 대기권 밖까지 쏘아 올리고 대기권 밖에서 운행해요.

텔레비전 CF에서 보는 신기한 장면은 어떻게 만들어요?

2학년 1학기 국어 읽기, 4단원 마음을 담아서, 장면을 상상하며 읽기
3학년 2학기 국어 읽기, 1단원 마음으로 보아요, 바위나리와 아기별
5학년 2학기 국어, 1단원 상상의 표현, 오른발·왼발

특수 촬영을 이용해요. 이 방법으로 대지진 장면이나 1인 2역, 자동차 외부의 움직이는 풍경 등을 찍는 것입니다.

특수 촬영은 배경을 따로 찍고, 배우도 따로 찍은 뒤에 둘을 합치는 경우가 많아요. 요즘에는 컴퓨터 그래픽이 많이 발달해서 이것을 많이 이용해요.

또 다른 방법은 배경이나 배우를 조그마한 인형으로 만들어서 촬영하기도 합니다. 이런 것들을 종합해서 컴퓨터 그래픽으로 실감 나는 영상을 만들어 내는 것이랍니다.

영화에도 특별한 촬영 방법이 사용돼요. 쓰리디(3D) 영화라는 것이 바로 그것이에요. 3D영화는 사람의 눈처럼 카메라 두 대로 사물을 찍는 거예요. 3D영화는 실제로 관객이

화면에 들어간 것처럼 입체적인 화면을 만들어 내지요.

특수한 효과를 더 추가시킨 포디(4D) 영화도 있어요. 4D 영화는 영화 장면에서 땅이 흔들리고, 냄새가 나고, 비가 오고, 바람까지 불어요. 영화관의 특수 장치를 이용해서 영화 보는 사람이 직접 느끼게 하는 것이지요. 진짜 영화 속 상황을 경험하는 것처럼 실감이 난답니다.

우주선은 어떻게 발사되나요?

우주선은 로켓에 의해 발사됩니다. 로켓이란 우주 공간을 비행할 수 있는 추진 기관이 있는 비행체를 말해요. 우주 개발의 기본적인 도구로서 연료와 산화

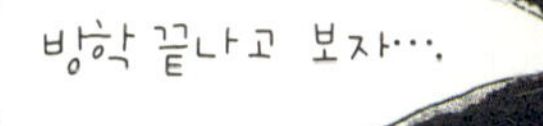

제가 있으며 고온·고압의 연료 가스를 분출시켜 그 반동
력으로 나아가는 비행체를 말해요.

　로켓의 원리로 발사된 우주선은 지상과 계속 연락하면서
목표한 곳으로 갑니다.

　로켓이 날아가는 원리는 뜻밖에 간단해요. 먼저 풍선을
불어 빵빵하게 해요. 그리고 손을 놔 보세요. 풍선이 어떻
게 될까요? 맞아요, 풍선은 안에 있던 공기를 내뿜으며 여
기저기 날아다니다 떨어져요. 로켓도 마찬가지로 로켓 안
에 꾹꾹 눌러 담았던 연료를 내뿜으며 나는 거예요.

불은 왜 공기가 없으면 붙지 못하고, 또 바람이 불면 꺼지는 건가요?

3학년 1학기 과학, 1단원 우리 생활과 물질, 고체·액체·공기·기체
6학년 2학기 과학, 4단원 연소와 소화, 초로 보는 연소 이야기

불이 붙으려면 어떤 물체가 공기 중에 있는 산소와 결합해야 합니다. 그런 반응을 산화라고 하죠. 불 대부분은 산화 반응을 통해서 일어나요. 따라서 불은 공기 중에 있는 산소가 꼭 필요해요.

바람이 불면 불이 꺼지는 이유는 바람이 공기 중에 있는 산소를 다른 곳으로 보내기 때문입니다.

불로는 할 수 있는 게 많아요. 음식도 해 먹을 수 있고, 추위도 피할 수 있지요. 옛날에는 사나운 짐승을 막기도 했대요. 하지만 불은 잘못 다루면 아주 무섭게 변합니다. 집과 공장을 모두 태우기도 하고, 사람을 다치게도 합니다. 그러니 불은 어른과 함께 있을 때 사용하는 것이 좋아요.

만약 집이나 학교에 있을 때 불이 났다면, 어른이 와서 불을 끌 수 있도록 '불이야!' 하고 크게 외친 뒤 얼른 안전한 곳으로 피해야 해요. 연기가 많이 난다면 젖은 수건이나 옷으로 입을 잘 막고, 낮게 엎드려 재빨리 피하세요. 안전한 곳에 가면 크게 소리치거나 물건 두드려 주위 사람에게 불이 난 것을 알리고, 전화로 119에 신고하세요. 불이 난 곳의 정확한 주소를 알려 주면 소방차가 더 빨리 올 수 있답니다.

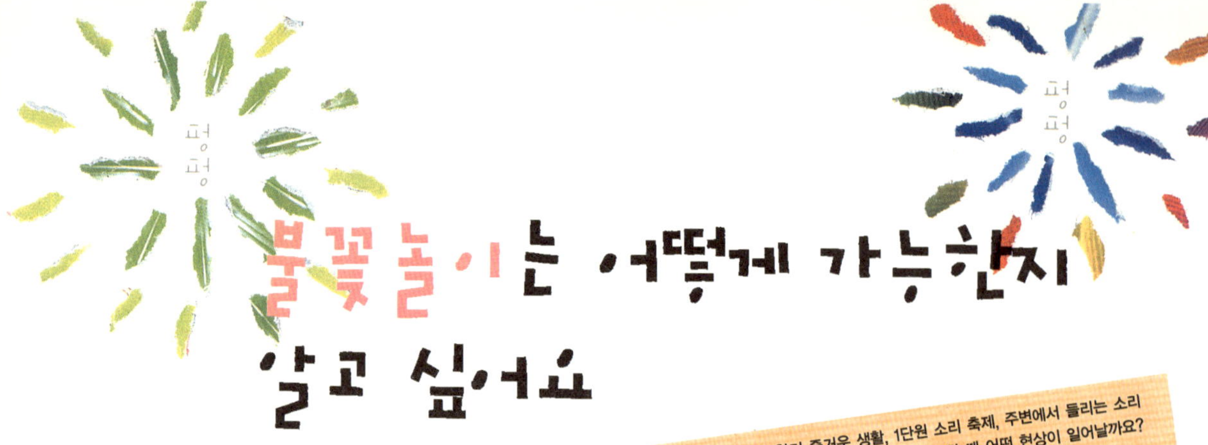

불꽃놀이는 어떻게 가능한지 알고 싶어요

불꽃놀이의 폭약을 만들려면 산화제와 연료가 필요해요. 연료로는 알루미늄과 황의 혼합물이 사용됩니다. 연료를 산화시키면 열이 생겨 알루미늄에 의해 찬란한 빛이 나오지요. 그리고 기체의 팽창 때문에 강한 폭발음이 생겨나요. 색깔을 내려고 특정한 색을 내는 물질을 넣어요. 노란색은 나트륨, 붉은색은 스트론튬, 초록색은 바륨을 쓴답니다.

낱 •말•풀•이• 화통도감은 고려 우왕 3년(1377)에 설치한, 화약과 화통을 만드는 일을 맡아 하던 곳입니다. 최무선의 건의로 설치되었으며, 창왕 1년(1389)에 '군기시(군기감)'에 흡수되었습니다. '군기시'는 고려 · 조선 시대에 무기를 제조, 관리하던 관청입니다.

처음 불꽃놀이는 화약 무기를 하늘에 쏘아 올려 주변국에 강한 무기가 있으니 침범할 생각을 하지 말라는 뜻이었어요.

우리나라의 화약 무기 기술은 고려 시대 최무선 때 와서 크게 발전했어요. 그때 화통도감이 설치되었습니다.

조선 시대 초기에는 북방 여진족이나 왜구에게 조선의 군사력을 보여 주려고 하늘에 쏘아 올렸어요. 그리고 외국 사신들이 오면 조선의 무기를 담당하던 군기시에서는 외국 사신의 기를 죽이려고 이 불꽃놀이를 보여주었어요. 불꽃놀이는 본 사신들은 매우 놀라서 돌아갔다고 해요.

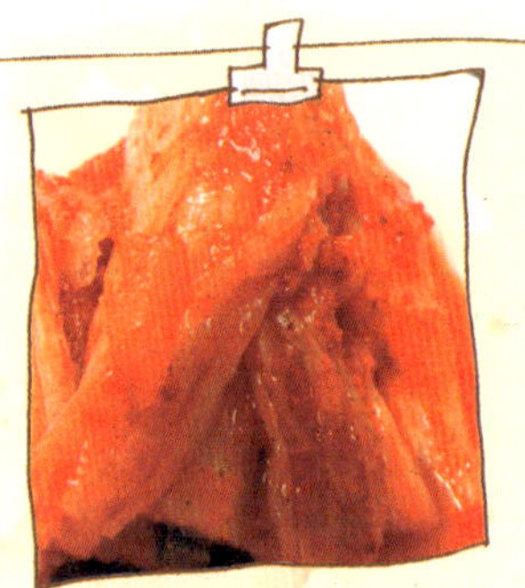

제4장 음식

골고루 먹어야 건강해요

건강하려면 밥을 제때 잘 먹어야 해요. 특히, 아침 식사는
거르면 안 돼요. 아침을 안 먹으면 집중력이 떨어져서 선생님
말씀이 귀에 잘 들어오지 않아요. 또, 쉽게 피곤해지지요.
아침은 소화가 잘되는 부드러운 음식으로 천천히 꼭꼭 씹어
먹어요. 아침밥을 든든하게 먹고 하루를 열면 활기찬 하루를
보낼 수 있답니다.

김치는 언제부터 먹었나요?

2학년 2학기 바른 생활, 3단원 아름다운 우리나라, 우리나라를 나타내는 것

김치는 몇 가지 맛이 날까요? 김치는 식품의 다섯 가지 기본 맛인 짠맛, 신맛, 단맛, 쓴맛, 떫은맛에다 두 가지 맛이 더 납니다. 바로 젓갈에서 나는 '단백맛'과 김치가 발효할 때 나는 '훈향'이지요. 이렇게 일곱 가지 맛이 나는 발효 채소 식품은 한국의 김치뿐이에요.

우리는 김치를 옛날에는 순우리말 '지' 또는 한자로 '침채(沈菜)'라고 했대요. 침채는 '채소를 소금물에 담근다.'라는 뜻으로 '딤채'로 발음되며, 이 한자어가 중국에 없는 것으로 보아 우리나라에서 만든 글자인 듯해요. 침채가 오랜 세월을 거치는 동안 침채→딤채→김채→김치로 변했다고 합니다.

그럼 김치는 언제부터 먹었을까요?

우리나라의 김치류에 관한 가장 오래된 기록은 중국의 "삼국지"의 '위지동이전'에 나오는 고구려에 대한 설명입니다. 그 책에는 "고구려인은 술 빚기, 장 담그기, 젓갈 등의 발효음식을 매우 잘한다."라고 쓰여 있어요. 그때 이미 저장 발효 식품을 즐겨 먹었나 봐요.

우리나라 책 중에는 이규보가 쓴 "동국이상국집"에 '무김치'를 설명하고 있습니다. 또한 "삼국사기" 내용 중 신문왕의 결혼식 음식 중에 젓갈, 김치류가 들어가 있는 것으로 보아 삼국시대(3세기 초) 이전부터 우리 민족이 김치를 먹어 왔다는 것을 알 수 있죠.

음식을 많이 먹으면 왜 살이 쪄요?

음식을 많이 먹으면 소화 흡수가 많아져서 살이 쪄요. 음식을 많이 섭취해도 활동을 많이 하고, 운동을 꾸준히 하면 살찔 위험은 없어요.

하지만 음식을 많이 먹는다고 해서 다 뚱뚱해지는 건 아닙니다. 우리 몸의 대사를 조절하는 갑상선 호르몬의 분비에 따라 어떤 사람은 아무리 먹어도 살이 안 찌기도 해요.

뭐니 뭐니 해도 적당히 먹고, 꾸준히 운동하는 게 건강 비법입니다.

살이 찐다는 것은 필요 이상으로 많은 음식을 먹어 영양분이 지방으로 바뀌어 지방세포에 쌓이는 것을 말해요.

혈액 속에 지방이 지나치게 많으면 해로우므로 혈액 속의 지방을 줄여야 건강할 수 있지요.

낮에는 계속 움직여서 영양분이 많이 없어지지만, 밤에 잘 때는 운동을 하지 않기 때문에 영양분이 대부분 몸속에 저장되어요. 그래서 자기 전에 음식을 먹으면 운동량이 거의 없어 뚱뚱해지기 쉬워요.

여러분도 좋은 음식을 맛있게 먹고 적당히 운동하면 살이 찔 염려는 없을 거예요.

설탕을 많이 먹으면 왜 몸에 안 좋아요?

설탕은 먹으면 몸 안에 쉽게 흡수됩니다. 설탕을 많이 먹으면 건강에 좋지 않다고들 해요. 설탕은 우리에게 달콤함을 주지만, 해로운 점이 많답니다.

설탕이 많이 든 음식을 먹고 이를 잘 안 닦으면 이가 썩어요. 설탕은 면역력을 떨어뜨려 어린이가 잦은 감기를 앓게

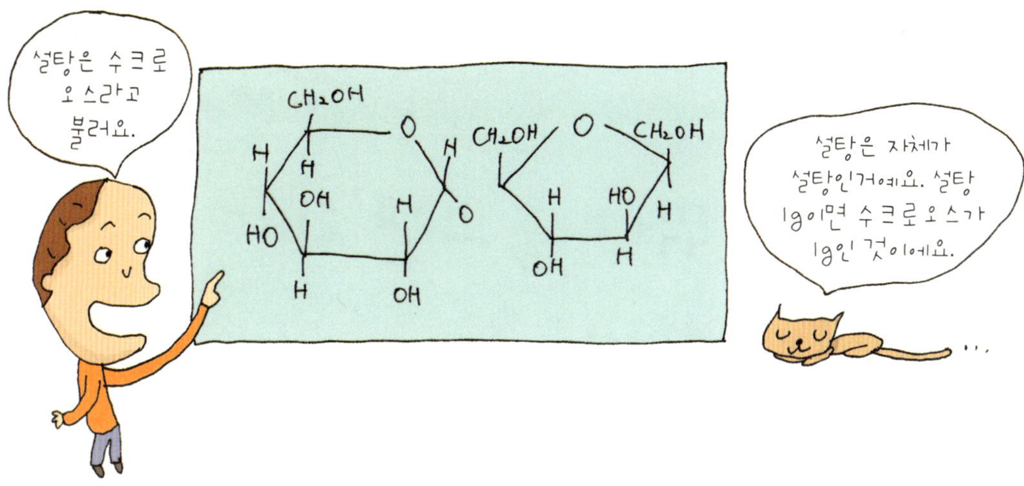

합니다. 또, 스트레스 호르몬이 나와 불안, 초조, 짜증스러운 감정이 들지요. 그 밖에 집중력이 떨어지고, 인슐린 분비가 제대로 되지 않아 당뇨병이 생길 수 있어요.

하지만 설탕이 이로운 점도 조금은 있어요.

설탕은 열량이 매우 높아서 적은 양으로 많은 에너지를 낼 수 있기 때문에 등산할 때나 갑자기 많은 에너지가 필요할 때 비상식량으로 쓰인 답니다.

설탕이 많이 든 음식은 케이크, 쿠키, 과자류, 초콜릿, 토마토케첩, 샐러드 드레싱 등입니다. 이런 음식은 한꺼번에 너무 많이 먹지 마세요.

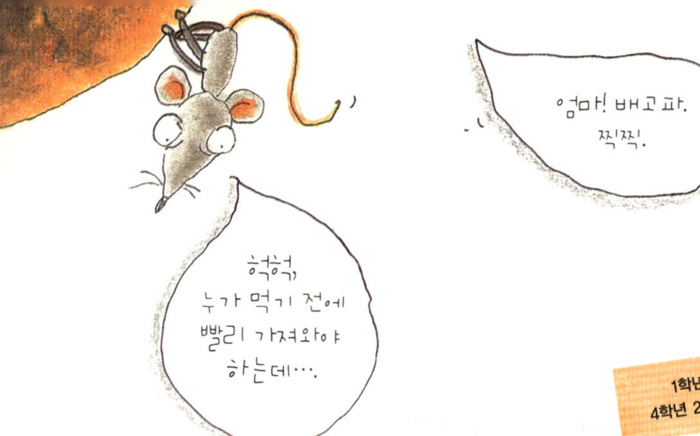

사과를 깎아 놓으면 왜 색깔이 변해요?

사과 속에 색깔을 변화시키는 물질이 들어 있기 때문입니다. 이 물질은 사과 세포 속에 있을 때는 변화를 일으키지 않아요. 하지만 세포가 파괴되어 공기 중에 있는 산소와 닿으면 사과 색깔을 변하게 하지요.

이 물질이 바로 퀴닌산입니다. 사과, 복숭아, 커피 등에 많이 포함되어 있어요.

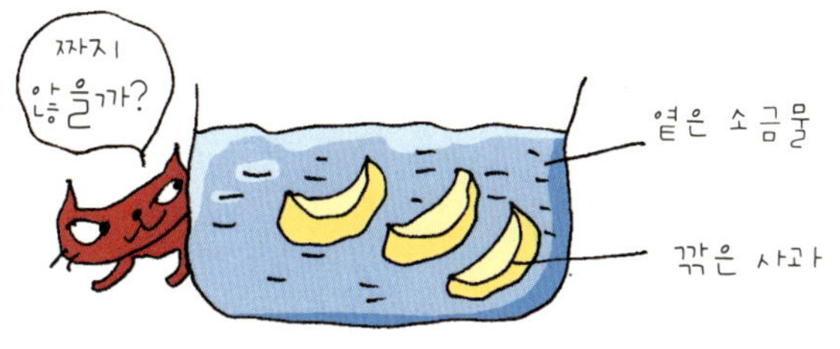

앞에서 말한 현상을 '갈변'이라고 하는데, 그럼 깎지 않은 사과는 왜 갈변이 일어나지 않을까요? 사과 껍질은 사과의 옷과도 같은 것으로 공기 중 산소에 직접 노출되는 것을 막아 주지요. 또 껍질에는 천연 왁스 성분이 있어 한 번 더 산소와의 접촉을 막아 준답니다.

그럼 깎은 사과의 갈변을 막는 방법은 뭘까요?

묽은 소금물이나 설탕물에 담가 두거나, 식초에 담그면 갈변을 방지할 수 있대요. 또 레몬즙을 뿌려 주거나 오렌지 주스 등에 담가 두어도 갈변을 막을 수 있지요. 왜냐하면, 신맛이 나는 과일에는 산화를 막아 주는 비타민C가 많이 들어 있기 때문이래요.

옛날에는 지금처럼 냉장고가 없었을 텐데, 어떻게 시원한 음식을 먹었나요?

우리나라는 언제부터 여름에도 얼음을 먹을 수 있었을까요?

"삼국사기"와 함께 우리나라에 현존하는 가장 오래된 역사책인 "삼국유사"에는 노례왕(24~57년) 때 이미 얼음 창고를 지었다는 기록이 나와요.

"삼국사기"에는 신라 지증왕 6년(505년) 11월에 이런 기록이 있습니다. "처음으로 '빙고전(氷庫典)'에 얼음을 저장하도록 했다."

옛날 우리 선조가 쓰던 빙고(氷庫)는 자연의 순리에 따라 겨울에 모아 둔 얼음을 봄, 여름, 가을, 겨울까지 녹지 않게 보관하는 '냉동 창고'입니다. 물론 냉장고보다는 불편하지만, 환경을 오염하지는 않았답니다.

옛 그리스와 로마인은 산에서 가져온 눈을 벽 사이에 뭉쳐 넣은 다음 짚이나 흙으로 메워 저장소를 만들어 포도주를 차게 보관했대요.

또 약 2,500년 전에 중국에는 벌빙지가라는 얼음 창고가 있었는데, 겨울에 얼음을 저장했다가 여름에 내다 쓰는 창고였어요. 옛날에 여름철 얼음은 무척 귀해서 왕족이나 귀족만 먹었답니다.

최초의 냉장고는 1862년, 영국의 제임스 해리슨이 만들었지요. 그다음 1930년대에 미국에서 작은 압축기가 개발되면서 캐비닛 모양인 현재 형태의 냉장고 나오게 되었답니다.

밀이 밀가루가 되고, 벼가 쌀이 되는 과정을 알고 싶어요

3학년 1학기 국어 읽기, 1단원 아는 것이 힘, 씨앗을 퍼뜨리는 식물
4학년 1학기 과학, 3단원 식물의 한 살이, 식물의 자람

밀가루를 만들기 위해서는 밀의 껍질·씨눈 등을 제거해야 합니다. 그리고 기구를 이용해 가루로 빻아요.

옛날에는 절구, 맷돌 또는 소형 제분기 등 작은 규모로 밀을 빻았으나 요즘은 제분 공장에서 롤 제분기로 한꺼번에 아주 많이 빻고 있어요.

벼의 껍질을 벗겨 먹을 수 있도록 한 것이 쌀입니다.

이러한 과정을 정미라고 해요.

돌이나 이물질을 걸러내고(정선) → 찧어 깨끗하게 해서(도정) → 껍질을 벗기고(겨 빼기) → 쌀(제품화)로 만들어요.

정미를 많이 한 쌀은 영양소나 식이섬유소가 파괴되어 건강에는 좋지 않아요. 벼의 껍질을 너무 많이 벗기게 되면

쌀알 표면의 식이섬유소가 깎여 나가고 쌀눈이 떨어져 나가기 때문이지요. 쌀눈에는 각종 비타민, 미네랄, 섬유소 등 쌀의 영양소가 60퍼센트(%) 이상 들어 있어요.

요즘에는 건강을 생각하여 몸에 좋은 음식을 좋아합니다. 하얗게 정미한 쌀보다 정미를 덜 한 누런색 현미를 좋아하게 되었어요.

그리고 빵을 만드는 주재료인 밀가루는 대부분 외국에서 수입되는 것이에요. 신토불이라는 말이 있지요. 우리 땅에서 나는 식료품이 우리 몸의 건강을 지켜줘요.

빵을 보면 구멍이 나 있는데 왜일까요?

베이킹파우더 때문에 구멍이 생기는 거예요.

빵을 만드는 재료에 베이킹파우더를 넣으면 이산화탄소가 생겨요.

이산화탄소는 기체이므로 마치 콜라 거품처럼 작은 공기 방울을 많이 만들어 내지요. 이것이 반죽을 부풀어 오르게 하는데 이것에 열을 가해 구우면 열 때문에 이산화탄소가 부풀어 공기 방울은 더 커집니다.

그래서 반죽 속에 스펀지처럼 많은 구멍이 뚫려 가볍고 맛있는 빵이 된답니다.

〈부드러운 빵의 비결은 공기구멍〉

이스트를 넣어 만든 빵도 구멍이 숭숭 나지요.

이스트를 넣어 빵을 반죽하고 시간이 지나면 반죽이 부풀어 오르는 것을 볼 수 있어요. 이것은 반죽 속의 이스트(효모)가 서서히 활동하는 신호예요.

효모는 아주 작은 미생물이에요. 이스트가 활동하기 좋은 온도는 섭씨 27도~29도예요. 이스트의 활동으로 빵 맛이 좌우된답니다.

심봤다!

산삼은 왜 귀하고 비싼가요?

산삼은 산에서 자연스레 나는 삼으로 효용은 인삼과 비슷하나 약효가 더 우수해요. 맛은 달고 약간 쓰며 성질은 약간 따뜻하고, 우리 몸에 들어가면 힘을 많이 보충해 줍니다. 피를 많이 흘린 뒤나, 토하거나, 설사를 많이 했을 때, 또 힘이 없고, 입에 갈증이 날 때 먹는다고 해요. 그리고 산삼은 산속에서만 자라기 때문에 수가 그리 많지가 않아서 가격이 비싸죠.

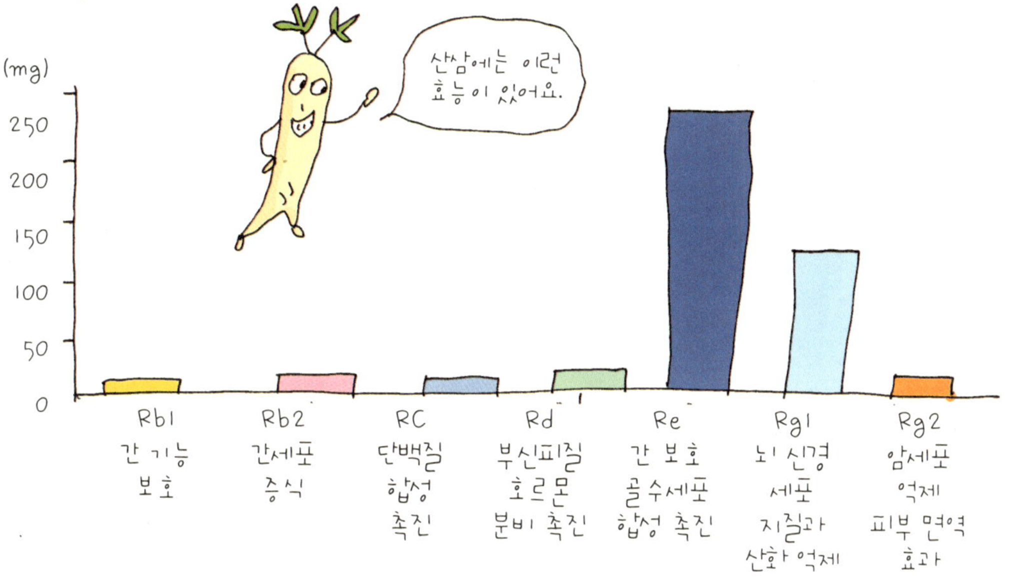

　　산삼은 성장 속도가 느려 조건이 나쁜 곳에서는 오랫동안 자라도 2~3그램(g) 정도밖에 되지 않는다고 해요.

　　인삼은 5~6년만 자라도 보통 80그램 정도 되는 것에 비하면 산삼은 성장 속도가 아주 느린 식물이에요. 기초 성장기라고 할 수 있는 10년간은 1년 동안에 평균 성장이 0.01~0.05그램밖에 되지 않아요.

　　산삼은 자란 연수가 많으면 많을수록 약효가 큰 것으로 알려졌어요. 그래서 뿌리가 조금만 크고 길어도 사람의 관심이 쏠리고 화제가 되지요.

멸치 같은 음식이 키를 크게 하고, 뼈를 튼튼하게 한다는데 정말인가요?

멸치 등에 들어 있는 칼슘 때문입니다.

칼슘은 뼈를 구성하는 주성분이라서 골격의 형성이나 키가 자라는 데 도움이 됩니다. 우리 몸에는 수많은 뼈가 있습니다. 그 수는 무려 206개나 되어요. 뼈는 각자 중요한 일을 해요.

뼈를 튼튼하게 하려면 칼슘이 많이 든 음식은 섭취해야 해요. 특히 성장기 어린이는 칼슘을 충분히 먹어야 합니다. 멸치 외에 칼슘이 많이 든 음식은 다시마, 미역, 톳, 김, 뱅어포, 시래기, 말린 표고버섯 등입니다.

이때 비타민 디(Vitamin D)는 칼슘의 흡수를 돕는 것으로 알려졌어요.

비타민 D가 많이 든 음식은 계란 노른자, 정어리, 청어, 참치 등입니다. 하지만 음식으로 비타민 D를 섭취하는 것만으로는 부족해요. 하루 15~20분 피부가 살짝 빨개질 정도의 햇빛을 받아야 비타민 디가 넉넉하게 생성됩니다.

어른은 커피나 홍차를 마시는데, 왜 어린이는 못 마시게 하나요?

커피나 홍차에는 카페인 성분이 들어 있어요. 카페인은 짧은 시간 동안 뇌 활동을 자극해 머리를 맑게 해 주는 이로운 점이 있어요. 하지만 카페인을 많이 섭취하면, 잠을 제대로 잘 수 없고, 몸이 지나치게 긴장하지요.

우리는 누구에게나 몸속에 들어온 카페인을 분해하는 능력이 있는데, 성인은 6~12시간이면 마신 카페인의 절반을 분해해요. 하지만 어린이는 3~4일 동안 몸 안에 카페인이 머무르다 빠져나가요.

어린이는 카페인 때문에 학습 능력 저하, 위장 장애가 나타날 확률이 어른보다 높아요. 또, 뼈를 약하게 하고 수면을 방해해 성장을 더디게 해요.

특히, 카페인은 중독될 수 있어서 어렸을 때부터 커피나

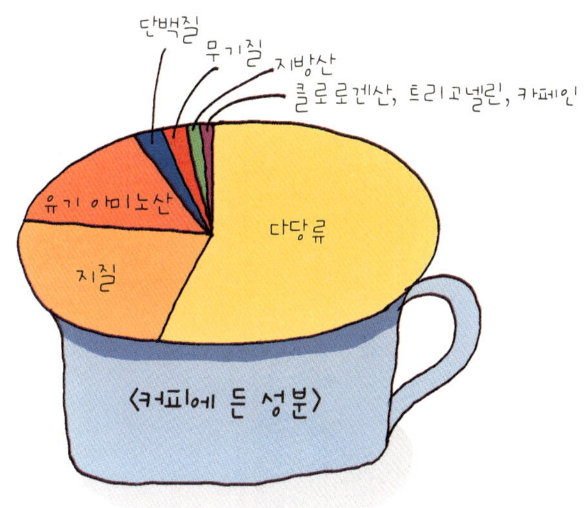

홍차를 마시는 습관이
생기면 안 되겠죠.

커피의 발견

오랜 옛날 아프리카의 에티오피아에 칼디라는 양치기가
있었어요. 어느 날 자기가 기르던 염소들이 유난히 이리저
리 뛰어다녔어요. 그리고 밤에는 잠도 자지 않았어요.

칼디는 얌전한 염소들이 갑자기 흥분하여 잠을 못 자는
모습을 주의 깊게 관찰했지요. 며칠 뒤 칼디는 어떤 나무의
빨간 열매를 염소들이 따먹은 것을 알아냈어요. 칼디도 그
열매를 먹어보니 기분이 상쾌해지고 머리가 맑아지는 것을
느끼게 되었어요. 이것이 커피를 찾아낸 이야기예요.

디에이치에이(DHA) 성분이 뭔지 궁금해요

디에이치에이(DHA)는 다랑어(참치), 가다랑어, 정어리와 같은 생선에 많이 들어 있는 불포화 지방산을 말해요. 신경 세포의 기능, 특히 기억력에 많은 도움을 주는 성분이라고 합니다.

디에이치에이(DHA)가 기억력에 도움이 된다는 것은 쥐를 이용한 여러 실험으로 드러났어요. 앞으로 뇌 기능 개선이나 노인성 치매의 치료제 그리고 식품으로 개발될 거예요.

135

아이스크림 중에서 바닐라의 원료는 무엇인가요?

아이스크림 대부분에 쓰이는 색소는 인공 색소예요. 인공 색소는 천연 색소보다 색상도 선명하고 가격도 싸 많은 업체에서 이런 색소를 사용해요. 아이스크림을 사 먹는 소비자는 아이스크림 성분이 인체에 해롭지 않은지를 꼼꼼히 살펴봐야 해요.

아이스크림에는 액상 과당이라는 단맛을 내는 성분이 들어가는데 인체에 해롭답니다. 또한, 아이스크림 맛을 부드럽게 만들어 주어 입안에서 살살 녹게 하는 모노글리세라이트라는 화학 첨가물이 들어가는데 이것 역시 인체에 나쁜 영향을 끼쳐요.

'맛'으로만 먹거리를 먹게 되면 이처럼 몸에 안 좋은 줄도 모르고 먹을 수 있어요. 무엇을 먹을 때는 몸에 안전한 음식인지 확인하고 먹어야 합니다.

〈몸에 좋은 바닐라아이스크림 만들기〉

재료: 우유 500g(그램), 바닐라 빈 1개, 노른자 6개, 설탕 150g, 탈지분유 20g,
생크림 200g
준비: 바닐라 빈은 미리 4분의 1만 잘라 둔다.
설탕과 탈지분유는 잘 섞어 둔다.

슬로푸드 운동이 뭐예요?

슬로푸드(Slow food) 운동은 햄버거, 프라이드치킨으로 대표되는 패스트푸드(Fast food)에 반대해서 일어났어요. 급하게 만들고, 빨리 먹는 패스트푸드는 건강에 안 좋아요.

슬로푸드는 각 나라의 전통 음식에 가까워요. 슬로푸드 운동은 가까운 곳에서 나는 제철 재료로, 가장 전통적인 방법으로 공들여 요리한 음식을 먹자는 운동이에요.

오랜 시간 뼈를 우려서 끓인 곰국과 설렁탕, 발효와 숙성으로 만든 메주와 된장, 유산균이 가득한 김치, 청국장, 삼계탕, 젓갈 등과 같은 음식이 슬로푸드지요.

　그러면 왜 슬로푸드는 가까운 땅에서 자란 제철 농산물을 식재료로 쓸까요?

　먼 곳에서 음식 재료를 가져오려면 썩지 않게 하려고 약품을 바르는데, 이 약품이 몸에 안 좋대요. 그래서 가까운 곳에서 난 먹거리일수록 몸에 좋아요. 또, 제철 농산물을 먹어야 하는 이유는 봄에 난 딸기, 여름에 먹는 수박, 가을에 먹는 감처럼 제철에 난 농산물이 맛있고, 농약도 덜 주기 때문이지요.

　우리나라에서 자란 제철 재료로, 부모님이 정성껏 해주신 요리가 몸에 제일 좋답니다.

　허름한 돌담 곁에 활짝 핀 민들레꽃이 솜송이가 되어 바람을 타고 어디론가 날아갑니다. 하얗고 가느다란 씨앗은 어디로 날아가는 걸까?

　비가 오는 날이면 땅 속에 있던 지렁이가 꼬물꼬물 밖으로 기어 나와요.

　지렁이는 어떻게 땅속에서 숨을 쉴까?

　물 위에서는 소금쟁이가 물에 둥둥 떠 이리저리 왔다 갔다 합니다.

　소금쟁이는 어떻게 해서 물 위를 떠다닐 수 있지?

　밤하늘에 떠 있는 별들은 왜 내 머리 위로 쏟아져 내리지 않을까?

　어릴 적에는 이런 모든 것이 다 궁금했어요.

　이 책을 읽은 어린이도 궁금한 것이 하늘에 떠 있는 별만큼이나 많을 거예요.

　궁금하고 알고 싶은 것은 꼭 알아야겠지요?

　이 책 속에 있는 것이 여러분의 궁금증을 다 풀어주지는 못할 거예요.

　하지만 여러분의 꿈과 희망이 하나둘 이루어지듯이 이 글을 읽고 하나하나 궁금증을 풀기 바랍니다. 호기심을 따라가다 보면 어느새 여러분의 꿈과 만나게 될 거예요.

강촌마을에서

백명식